观赏植物百科

主　编　赖尔聪 / 西南林业大学

副主编　孙卫邦 / 中国科学院昆明植物研究所昆明植物园

石卓功 / 西南林业大学林学院

中国建筑工业出版社

图书在版编目（CIP）数据

观赏植物百科1／赖尔聪主编.—北京：中国建筑工业出版社，2013.10
ISBN 978-7-112-15804-1

Ⅰ.①观… Ⅱ.①赖… Ⅲ.①观赏植物—普及读物 Ⅳ.①S68-49

中国版本图书馆CIP数据核字（2013）第209595号

多彩的观赏植物构成了人类多彩的生存环境。本丛书涵盖了3237种观赏植物（包括品种341个），按"世界著名的观赏植物"、"中国著名的观赏植物"、"常见观赏植物"、"具有特殊功能的观赏植物"和"奇异观赏植物"等5大类43亚类146个项目进行系统整理与编辑成册。全书具有信息量大、突出景观应用效果、注重形态识别特征、编排有新意、实用优先等特点，并集知识性、趣味性、观赏性、科学性及实用性于一体，图文并茂，可读性强。本书是《观赏植物百科》的第1册，主要介绍中外著名观赏植物。

本书可供广大风景园林工作者、观赏植物爱好者、高等院校园林园艺专业师生学习参考。

责任编辑：吴宇江
书籍设计：北京美光设计制版有限公司
责任校对：姜小莲　刘　钰

观赏植物百科1
主　编　赖尔聪／西南林业大学
副主编　孙卫邦／中国科学院昆明植物研究所昆明植物园
　　　　石卓功／西南林业大学林学院
*
中国建筑工业出版社出版、发行（北京西郊百万庄）
各地新华书店、建筑书店经销
北京美光设计制版有限公司制版
北京方嘉彩色印刷有限责任公司印刷
*
开本：787×1092毫米　1/16　印张：16¼　字数：316千字
2016年1月第一版　2016年1月第一次印刷
定价：120.00元
ISBN 978－7－112－15804－1
　　　　　（24550）

《观赏植物百科》编委会

顾　　问：　郭荫卿

主　　编：　赖尔聪

副 主 编：　孙卫邦　石卓功

编　　委：　赖尔聪　孙卫邦　石卓功　刘　敏（执行编委）

编写人员：　赖尔聪　孙卫邦　石卓功　刘　敏　秦秀英　罗桂芬
　　　　　　牟丽娟　王世华　陈东博　冯　石　吴永祥　谭秀梅
　　　　　　万珠珠　李海荣

参编人员：　魏圆圆　罗　可　陶佳男　李　攀　李家祺　刘　嘉
　　　　　　黄　煌　张玲玲　杨　刚　康玉琴　陈丽林　严培瑞
　　　　　　高娟娟　王　超　冷　宇　丁小平　王　丹　黄泽飞

序

国人先辈对有观赏价值植物的认识早有记载，"桃之夭夭，灼灼其华"（《诗经·周南·桃夭》），描述桃花华丽妖艳，淋漓尽致。历代文人，咏花叙梅的名句不胜枚举。近现代，观赏植物成为重要的文化元素，是城乡建设美化环境的主要依托。

众所周知，城市景观、河坝堤岸、街道建设、人居环境等均需要园林绿化，自然离不开各种各样的观赏植物。大到生态环境、小到居家布景，观赏植物融入生产、生活的方方面面。已有一些图著记述观赏植物，大多是区域性或专类性的，而涵盖全球、涉及古今的观赏植物专著却不多见。

《观赏植物百科》的作者，在长期的教学和科研中，以亲身实践为基础，广集全球，遍及中国古今，勤于收集，精心遴选3237种（包括品种341个），按"世界著名的观赏植物"、"中国著名的观赏植物"、"常见观赏植物"、"具有特殊功能的观赏植物"和"奇异观赏植物"5大类43亚类146个项目进行系统整理并编辑成册。具有信息量大，突出景观应用效果，注重形态识别特征，编排有新意，实用优先等特点，集知识性、趣味性、观赏性、科学性及实用性于一体，号称"百科"，不为过分。

《观赏植物百科》图文相兼，可读易懂，能广为民众喜爱。

中国科学院院士 吴征镒

2012年10月19日于昆明

前言

    展现在人们眼前的各种景色叫景观，景观是自然及人类在土地上的烙印，是人与自然、人与人的关系以及人类理想与追求在大地上的投影。就其形成而言，有自然演变形成的，有人工建造的，更多的景观则是天人合一而成的。就其规模而言，有宏大的，亦有微小的。就其场地而言，有室外的，亦有室内的。就其时间而言，有漫长的演变而至，亦有瞬间造就而成，但无论是哪一类景观，其组成都离不开植物。

    植物是构成各类景观的重要元素之一，它始终发挥着巨大的生态和美化装饰作用，它赋景观以生命，这些植物统称观赏植物。

    观赏植物种类繁多，姿态万千，有木本的，有草本的；有高大的，有矮小的；有常绿的，有落叶的；有直立的，有匍匐的；有一年生的，有多年生的；有陆生的，有水生的；有"自力更生"的，亦有寄生、附生的；还有许多千奇百怪、情趣无穷的。确实丰富多彩，令人眼花缭乱。

    多彩的观赏植物构成了人类多彩的生存环境。随着社会物质文化生活水平的提高，人们对自身生存环境质量的要求也不断提高，植物的应用范围、应用种类亦不断扩大。特别是随着世界信息、物流速度的加快，无数植物的"新面孔"不断地涌入我们的眼帘，进入我们的生活。这是什么植物？有什么作用？一个又一个问题困惑着人们，常规的教材已跟不上飞快发展的现实，知识需要不断地补充和更新。

    为实现恩师郭荫卿教授"要努力帮助更多的人提高植物识别、应用和鉴赏能力"的遗愿，我坚持了近10年时间，不仅走遍了中国各省区的名山大川，包括香港、台湾，还到过东南亚、韩国、日本及欧洲13个国家。将自己有幸见过并认识了的3000多种植物整理成册，献给钟爱植物的朋友，并与大家一同分享识别植物的乐趣。

    3000多种虽只是多彩植物长河中的点点浪花，但我相信会让朋友们眼界开阔，知识添新，希望你们能喜欢。

    为使读者快捷地各取所需，本书以观赏植物的主要功能为脉络，用人为分类的方法将3237种（含341个品种）植物分为5大类、43亚类、146项目编排，在同一小类及项目中，原则上按植物拉丁名的字母顺序排列。拉丁学名的异名中，属名或种加词有重复使用时，一律用缩写字表示。

    本书附有7个附录资料、3种索引，供不同要求的读者查寻。

    编写的过程亦是学习的过程，错误和不妥在所难免，愿同行不吝赐教。

赖尔聪

2012年5月1日

目录

序

前言

 世界著名的观赏植物

1. 庭园观赏树 ·························· 2 ~ 5
2. 行道树 ···························· 6 ~ 15
3. 典型的海滨树 ···················· 16 ~ 24
4. 植物世界之最点滴 ················ 25 ~ 27
5. 高档切花 ························· 28 ~ 48
6. 中国特有的世界著名观赏树 ········ 49 ~ 55

2 中国著名的观赏植物

7. 中国重点保护树种 ················ 58 ~ 76
　Ⅰ级重点保护 ···················· 58 ~ 62
　Ⅱ级重点保护 ···················· 63 ~ 70
　Ⅲ级重点保护 ···················· 71 ~ 76
8. 中国名花 ························· 77 ~ 145
　历史传统名花 ···················· 77 ~ 104
　常见传统名花 ···················· 105 ~ 122
　近代栽培名花 ···················· 123 ~ 145
9. 佛教植物 ························· 146 ~ 158
　五树 ···························· 146 ~ 150
　六花 ···························· 151 ~ 156
　其他相关植物 ···················· 157 ~ 158
10. 云南名特植物 ··················· 159 ~ 233
　八大名花 ························· 159 ~ 205

　高山花卉点滴 ···················· 206 ~ 211
　特色乡土树种 ···················· 212 ~ 233

拉丁名索引 ······················· 235~240
中文名索引 ······················· 241~246
科属索引 ························· 247~250
后记 ····························· 251

1

世界著名的观赏植物

这里收集了世界著名的庭园观赏树、行道树、典型的海滨树、植物世界之最、高档切花及中国特有的世界著名观赏树等6类150种世界著名的观赏植物。

| 1 | **异叶南洋杉**（诺福克南洋杉、南洋杉） | 南洋杉科 | 南洋杉属 |
| | *Araucaria heterophylla* (*A. excelsa*) | 常绿乔木 | |

原产大洋洲诺福克岛

喜光，亦耐阴；喜温暖湿润，生育适温
15～25℃，越冬5℃以上；不耐旱

| 2 | **银叶雪松**（黎巴嫩雪松） | 松科 | 雪松属 |
| | *Cedrus atlantica* f. *glauca* (*C.* 'Argentea', *C. olibani* ssp. *a.*) | 常绿乔木 | |

产欧洲

喜光，稍耐阴；喜温暖湿润

摄于德国

3　**雪松**（喜马拉雅雪松）　　　　　　　松科　　雪松属
　　Cedrus deodara　　　　　　　　　　　常绿大乔木

原产喜马拉雅南麓
喜光，稍耐阴；喜温凉湿润，稍耐寒；耐旱

4　**垂枝雪松**　　　　　　　　　　　　　松科　　雪松属
　　Cedrus deodara 'Pendula'　　　　　　常绿乔木

广布于东南亚，中国引种栽培
喜光，稍耐阴；喜温凉湿润，稍耐寒；耐旱

5	金钱松	松科	金钱松属
	Pseudolarix kaempferi (*P. amabilis*)	落叶乔木	

中国特产

喜光；喜温暖湿润，可耐-20℃低温；不耐旱；
喜酸性或中性土壤

6	金松（日本金松）	金松科	金松属
	Sciadopitys verticillata	常绿乔木	

原产日本

耐阴；喜冷凉湿润，能耐-15℃低温；忌过湿及
石灰岩土壤

摄于庐山

北美红杉（红杉、长叶世界爷）

Sequoia sempervirens

杉科　　北美红杉属

常绿巨大乔木

原产美国西海岸及加利福尼亚海岸

喜光；喜温暖湿润，不耐寒；不耐旱

摄于美国红杉公园

8	**七叶树**（天师栗、梭椤树） *Aesculus chinensis*	七叶树科	七叶树属
		落叶乔木	

原产中国，适于长江流域和黄河流域地区

喜光，略耐阴；喜温暖，稍耐寒；不耐干旱

9	**云南七叶树**（澜沧七叶树） *Aesculus lantsangensis*（*A. wangii*）	七叶树科	七叶树属
		落叶乔木	

我国云南特产，主产云南东南部

喜光；喜温暖至高温

行
道
树

欧洲七叶树

10

Aesculus parviflora（A. hippocastanum）

七叶树科　　七叶树属

落叶乔木

原产欧洲东南部，巴尔干群岛

喜光，较耐阴；喜温暖湿润，稍耐寒

摄于德国

红花七叶树

11

Aesculus rubicunda（A. carnea）

七叶树科　　七叶树属

落叶乔木

产美国

喜光；喜温暖至暖热；喜湿润

摄于美国尼亚加拉大瀑布旁

| 12 | 七叶树
Aesculus sp. | 七叶树科 七叶树属 |
| | | 落叶乔木 |

原产欧洲

喜光；喜温暖，亦耐寒

| 13 | 新西兰七叶树
Aesculus sp. | 七叶树科 七叶树属 |
| | | 落叶乔木 |

原产新西兰、澳大利亚

喜光；喜温暖，耐寒；耐旱

14

二球悬铃木（英国悬铃木、英国梧桐）　　　　悬铃木科　　悬铃木属
Platanus acerifolia　　　　　　　　　　　　　　　　　　落叶乔木

英国育成

喜光，不耐阴；喜温暖，生育适温15～25℃；

耐干旱瘠薄

摄于海德堡大学

15

一球悬铃木（美国悬铃木、美国梧桐）　　　　悬铃木科　　悬铃木属
Platanus occidentalis　　　　　　　　　　　　　　　　　落叶乔木

产美国

喜光，不耐阴；喜温暖，生育适温15～25℃；耐干旱瘠薄

摄于德国
法兰克福

| 16 | **三球悬铃木**（法国悬铃木、法国梧桐） | 悬铃木科 | 悬铃木属 |
| | *Platanus orientalis* | 落叶乔木 | |

产法国
喜光，不耐阴；喜温暖，生育适温15～25℃；
耐干旱瘠薄

摄于巴黎

| 17 | **华椴**（中国椴） | 椴树科 | 椴树属 |
| | *Tilia chinensis* | 落叶乔木 | |

产我国西北、华中、西南等
喜光，亦耐阴；喜温暖湿润；喜微酸性土壤

行

道

树

18 **欧洲椴** 椴树科　　椴树属
Tilia europaea (T. intermedia, T. vulgaris, T. desystyla) 落叶乔木

原种产欧洲
喜光；喜温暖湿润

摄于巴黎

19 **欧洲大叶椴**（宽叶椴、夏菩提树） 椴树科　　椴树属
Tilia platyphyllus (T. grandifolia) 落叶乔木

产欧洲
喜光；喜微凉湿润，耐寒

| 20 | **银毛椴** | | 椴树科 | 椴树属 |
| | *Tilia tomentosa* | | 落叶乔木 | |

原产东欧及土耳其等地，我国北京有栽培

喜光，耐半阴；喜冷凉，亦耐热；耐旱，忌水
涝；耐有害气体；不耐盐碱

| 21 | **圆冠榆** | | 榆科 | 榆属 |
| | *Ulmus densa* | | 落叶乔木 | |

原产俄罗斯

喜光；喜温暖湿润

行

道

树

22 光叶榆（欧洲榆）
Ulmus glabra

榆科　　榆属

落叶乔木

产欧洲
喜光；喜温暖湿润

23 卷叶榆
Ulmus glabra 'Exoniensis'

榆科　　榆属

落叶乔木

原种产欧洲
喜光；喜温暖湿润

24 **欧洲白榆**（大叶榆、新疆大叶榆）　榆科　榆属

Ulmus laevis 落叶乔木

我国北方各省有栽培

喜光；喜温暖湿润

25 **大果榆**（山榆、黄榆）　榆科　榆属

Ulmus macrocarpa 落叶乔木

产我国东北及华北

喜光；喜冷凉至温暖；耐干旱瘠薄；特耐盐碱

26 **榔榆**（小叶榆、秋果榆）　　　　　榆科　　　榆属
　　Ulmus parvifolia　　　　　　　　常绿或半常绿乔木

产我国长江流域及以南地区
喜光，较耐阴；喜温暖至高温，生育适温
15～28℃，能耐-20℃短期低温

27 **榆树**（白榆、家榆）　　　　　　榆科　　　榆属
　　Ulmus pumila　　　　　　　　　落叶乔木

分布于北温带，我国产北部
喜光；喜冷凉至温暖，耐寒；耐干旱瘠薄；耐
盐碱

28	**黑松**（日本黑松）	松科	松属
	Pinus thunbergii	常绿乔木	

原产日本及朝鲜

喜光；喜温暖湿润；耐旱

29	**垂叶罗汉松**（长叶罗汉松）	罗汉松科	罗汉松属
	Podocarpus henkelii	常绿乔木	

原产非洲南部

喜半阴；喜温暖湿润；耐水湿；耐潮风

30 罗汉松
Podocarpus macrophyllus

罗汉松科　罗汉松属
常绿乔木

产我国长江流域及东南沿海，日本有分布
喜半阴；喜温暖湿润；耐水湿；耐潮风

31 百日青（脉叶罗汉松）
Podocarpus neriifolius（P. neriifolia, Nagela n.）

罗汉松科　罗汉松属
常绿乔木

原产斯里兰卡、印度尼西亚、马来西亚、日本
和中国
喜光；喜高温湿润

印度蓝屿罗汉松
Podocarpus polystachyus

罗汉松科	罗汉松属
常绿乔木	

原产我国台湾，以及印度尼西亚、
马来西亚喜光；喜高温湿润

锐玉蕊
Barringtonia acutangula

玉蕊科	玉蕊属
常绿乔木	

原产印度至澳大利亚北部
喜光；喜高温湿润

典型的海滨树

34 **滨玉蕊**（棋盘脚树）　　　　　　　　　　玉蕊科　　玉蕊属
Barringtonia asiatica（B. speciosa）　　　　常绿乔木

原产马达加斯加至太平洋地区及亚洲热带
喜光；喜高温多湿，生育适温23～32℃；
耐潮，抗风

35 **红花玉蕊**　　　　　　　　　　　　　　　玉蕊科　　玉蕊属
Barringtonia coccinea　　　　　　　　　　常绿小乔木

原产东南亚
喜光；喜高温湿润

大叶黄杨（正木、冬青卫矛、绿篱卫矛）
Euonymus japonicus

卫矛科	卫矛属
常绿灌木	

产日本，我国各地栽培，朝鲜半岛南部有天然
分布

喜光，亦耐阴；喜高温，生育适温20～28℃，
能耐-17℃低温；耐干旱瘠薄

银毛树
Messerschmidia argentea

紫草科	砂引草属
常绿灌木至小乔木	

原产中国及亚洲热带、非洲、大洋洲

喜光；喜高温湿润，生育适温23～32℃；耐
旱；耐盐；抗风

典
型
的
海
滨
树

水椰

38

Nypa fruticans

棕榈科　　水椰属

常绿灌木

原产亚洲南部至澳大利亚北部，所罗门群岛等
热带地区
喜光；喜高温湿润；耐水湿，耐盐碱

摄于印度尼西亚民丹岛

禾叶露兜

39

Pandanus pygmaeus

露兜树科　　露兜树属

常绿小灌木

原产马达加斯加、模里西斯
喜光；喜暖热；喜湿润的土壤或沙壤土

摄于台湾

抗风桐（皮孙木树）　　　　　　　　　紫茉莉科　　腺果藤属

Pisonia grandis（*P. g.* 'Alba'）　　　　　常绿小乔木

原产我国南部，及菲律宾和斯里兰卡

喜光；喜高温湿润

水黄皮　　　　　　　　　　　　　　　蝶形花科　　水黄皮属

Pongamia pinnata（*P. glabra*, *Millettia pi.*, *Derris indica*）　常绿或半落叶乔木

原产中国、印度、斯里兰卡、马来西亚、澳大利亚

喜光；喜高温高湿，生育适温22～32℃；喜生于近水之地

草海桐

42

Scaevola frutescens (S. aericca, S. sericea, S. taccada)

草海桐科　　草海桐属

常绿灌木

原产中国及亚洲热带、大洋洲、马达加斯加
喜光；喜高温，生育适温22～32℃；耐干旱瘠
薄，耐风浪

摄于印度尼西亚民丹岛

黄槿（桐花、糕仔树）

43

Talipariti tiliaceum (Hibiscus tiliaceus)

锦葵科　　丽槿属

常绿乔木

产我国台湾、广东、福建，日本、马来西亚和大
洋洲
喜光；喜高温高湿，生育适温22～30℃，不耐寒

| 44 | 花叶黄槿 | 锦葵科 | 丽槿属 |
| | *Talipariti tiliaceum* ' Tricolor' (*Hibiscus t.* ' T.') | 常绿灌木至乔木 | |

原种产热带海滨

喜光；喜高温湿润，生育适温22～30℃

| 45 | 榄仁树 (山枇杷、法国枇杷) | 使君子科 | 榄仁属 |
| | *Terminalia catappa* | 落叶或半常绿乔木 | |

原产中国及亚洲热带

喜光；喜高温多湿，不耐寒，生育适温23～32℃

46 **红桧**　　　　　　　　　　　　　　　　　　　　柏科　　扁柏属
Chamaecyparis formosensis（*C. obtusa* var. *formosana*）　　常绿乔木

我国台湾特有种

较耐阴；喜温暖湿润，不耐干冷

摄于台湾

47 **巨柏**　　　　　　　　　　　　　　　　　　　　柏科　　柏木属
Cupressus gigantea　　　　　　　　　　　　　　常绿大乔木

我国西藏特有

喜光；适生于干旱多风的高原河谷；宜中性、
偏碱的沙质土

摄于西藏

大叶蚁塔（根乃拉草）

蚁塔科 **蚁塔属**

Gunnera manicata

大型宿根草本

原产南美
喜光，耐半阴；喜温暖至高温；需充足水分

轻木

木棉科 **轻木属**

Ochroma lagopus（O. pyramidale）

乔木

原产墨西哥、西印度群岛至秘鲁
喜光；喜高温高湿

植物世界之最点滴

50 **松露玉** 仙人掌科　松露玉属
Blossfeldia liliputana 肉质小球状

原产墨西哥，分布于阿根廷与玻利维亚西部山区
耐光，稍耐半阴；喜温暖至高温；耐旱

世界上最小的仙人掌类植物，直径不到2cm

51 **大树杜鹃** 杜鹃花科　杜鹃花属
Rhododendron protistum var. *giganteum* (*Rh. g.*) 常绿大乔木

产我国云南西南部腾冲高黎贡山西坡
喜光，耐半阴；喜凉爽湿润；喜酸性土壤

世界上最高大的杜鹃花树，
树高达27m

花烛品种群
Anthurium cultivar Group

天南星科	花烛属
常绿宿根花卉	

原种产南美洲

喜光；喜高温多湿，生育适温20～30℃，越冬
15℃以上

57

全缘叶斑克木（海岸斑克木）
Banksia integrifolia

山龙眼科	斑克木属
常绿小灌木	

原产南非、澳大利亚

喜光；喜暖热，生育适温22～30℃；不耐寒；
耐旱

菊花品种群
Dendranthema Group

58~60

菊科　　菊属
宿根花卉

原种产中国
喜冷凉湿润

墨菊 D. 'Mo Ju' (D. 'Moju')

美国粉 D. 'Mei Guo Fen' (D.morifolium 'Meiguofen')

东亚黄 D. 'Yellow Asia'(Chrysanthemum morifolium 'Y. A.')

卡特兰品种群
Cattleya Group

61~72

兰科　　卡特兰属
附生兰

原产中南美洲，哥伦比亚和巴西分布最多
喜半阴；喜温暖至高温，生育适温27~32℃，越冬5℃以上

石斛兰（洋兰、秋石斛）

Dendrobium hybridum（D. hybrida）

兰科　　石斛属

附生兰

亲本产亚洲和大洋洲热带、亚热带

喜光；喜温暖至高温，生育适温25～35℃，越

冬8℃以上；忌积水

香石竹（康乃馨、麝香石竹）

Dianthus caryophyllus

石竹科	石竹属
宿根花卉	

原产欧洲南部至印度

喜光；喜冷凉至温暖，生育适温10～20℃；

喜干燥

75 **粉瓷玫瑰**（粉火炬姜、菲律宾蜡花）　　　　　　　姜科　　火炬姜属
Etlingera elatior (*Alpinia nutans,　Nicolaia e.,　N. speciosa,　Phaeomeria s*)　　球根花卉

原产印度尼西亚、马来西亚、印度、泰国
喜光，亦耐半阴；喜高温多湿，生育适温
25～30℃，越冬15℃以上

76 **红瓷玫瑰**（红玫瑰姜、红火炬姜）　　　　　　　姜科　　火炬姜属
Etlingera elatior 'Red Flower' (*Nicolaia e.* 'R. F.',　*N. e.*)　　球根花卉

原种产印度尼西亚、泰国等
喜光，亦耐半阴；喜高温多湿，生育适温
25～30℃，越冬15℃以上

非洲菊（扶郎花）品种群
Gerbera jamesonii Group

菊科　非洲菊属

宿根花卉

原产南非

喜光；喜温暖，生育适温15～25℃，越冬
7～8℃；忌干旱；喜肥

高档切花

89　**唐菖蒲**（剑兰、十样锦、菖兰）　　　　　　　　　　鸢尾科　　唐菖蒲属
　　　Gladiolus gandavensis（*G.hybrida*，*G.hybridus*）　　　球根花卉

亲本产地中海沿岸、非洲热带，以南非好望角
最多
喜光；喜温暖湿润，生育适温18~26℃；忌积水

90　**大艳红赫蕉**（大赫蕉、加勒比蝎尾蕉）　　　　　　蝎尾蕉科　　蝎尾蕉属
　　　Heliconia caribae　　　　　　　　　　　　　　　大型宿根花卉

西印度群岛
喜光，亦耐阴；喜高温多湿，生育适温
22~30℃，越冬10℃以上

粉鸟赫蕉（粉鸟蝎尾蕉） 蝎尾蕉科 蝎尾蕉属
Heliconia chartacea 'Sexy Pink' 宿根花卉

原产美洲热带
喜光，耐半阴；喜高温湿润

92 **小艳红赫蕉**（艳红蝎尾蕉、小赫蕉） 蝎尾蕉科 蝎尾蕉属
Heliconia humilis 宿根花卉

原产南美、千里达
喜光，亦耐阴；喜高温多湿，生育适温
22~30℃，越冬10℃以上

93 **垂序赫蕉**（红蝎尾蕉） 　蝎尾蕉科　蝎尾蕉属
Heliconia pendula 　　宿根花卉

原产热带非洲
喜光，亦耐阴；喜高温多湿，生育适温
22～30℃，越冬10℃以上

94 　**金鸟赫蕉**（金鸟蝎尾蕉、金嘴赫蕉、金嘴蝎尾蕉、垂花火鸟蕉）　蝎尾蕉科　蝎尾蕉属
Heliconia rostrata 　　常绿大型宿根花卉

原产南美
喜光，亦耐阴；喜高温多湿，生育适温
22～30℃，越冬10℃以上

异色木百合
Leucadendron discolor (L. 'Safari Sunset', Protea 'Sa. Su.')

山龙眼科　木百合属
常绿灌木

原产南非
喜光；喜温暖湿润，不耐寒；不耐水湿，耐
旱；忌碱性土壤

雌株　　　　　　　　　雄株

针垫子花
Leucospermum cordifolium (L. nutans)

山龙眼科　针垫子花属
常绿灌木

原产南非
喜光；喜高温，不耐寒；耐旱

高档切花

贝壳花（领圈花、象耳）　　　　　　　　　　　唇形科　　兔唇花属

Moluccella laevis（Lagochilus l.）　　　　　　　一年生花卉

原产亚洲

喜光；喜温暖湿润，生育适温15～25℃

百合品种群　　　　　　　　　　　　　　　　百合科　　百合属

98～100

Lilium Group　　　　　　　　　　　　　　　　球根花卉

亚洲百合—黄帝王（黄百合）　　亚洲百合—黄色风　　　　　亚洲百合—索尔邦 *Lilium* 'Sorbonne'
［黄贵人］*Lilium* 'Regalis'　　暴 *Lilium* 'Yelloween'

蝴蝶兰品种群
Phalaenopsis hybrida Group

兰科　蝴蝶兰属
附生兰

亲本原产亚洲、大洋洲热带和亚热带
喜半阴；喜高温多湿，生育适温18～30℃；不耐旱，
忌积水

高档切花

麝香百合（铁炮百合、复活节百合）

百合科　　百合属

Lilium longiflorum（L. formolongo, L. japonicum）

球根花卉

亲本产我国台湾及日本

喜光亦耐半阴；喜冷凉至温暖，生育适温

18～28℃

蓟花山龙眼（龙眼花、普洛帝、菩提花、巨大帕洛梯）[帝王花]　山龙眼科　头花山龙眼属

Protea cynaroides　　　　　　　　　　　　　　　　　　常绿灌木

原产南非

喜光；喜暖热，生育适温22～30℃；喜稍干
燥；喜酸性土壤

高档切花

帝王花—兰斯洛特

115 *Protea* 'Lancelot'

山龙眼科　头花山龙眼属
常绿灌木

原种产南非

喜光；喜暖热，生育适温22～30℃；喜稍干
燥；喜酸性土壤

狭叶帝王花

116 *Protea neriiflora*

山龙眼科　头花山龙眼属
常绿灌木

原产南非

喜光；喜暖热，生育适温22～30℃；喜稍干
燥；喜酸性土壤

117	**帝王花—玫瑰貂** *Protea* 'Rose Mink'	山龙眼科　头花山龙眼属
		常绿小灌木

原种产南非

喜光；喜暖热，生育适温22~30℃；喜稍干
燥；喜酸性土壤

118	**银芽柳**（棉花柳、银柳） *Salix gracilistyla*（*C. leucopithecia*）	杨柳科　柳属
		落叶灌木或小乔木

原产我国东北以及日本、朝鲜

喜光；喜温暖，颇耐寒；耐旱，亦耐涝；耐盐碱

现代月季品种群
Rosa hybrida Group

蔷薇科　蔷薇属

常绿带刺灌木

杂交无性系，园艺品种

喜光；喜温暖湿润，生育适温15～25℃；稍耐旱

流星雨　Rosa 'Liu Xing Yu'

红伊人　*Rosa* 'Angelina'

皇冠　*Rosa* 'Dejavu'

红双喜　*Rosa* 'Hong Shuang Xi'

挚爱　*Rosa* 'Love Unlimited'

流星雨　*Rosa* 'Liu Xing Yu'

紫罗兰　*Rosa* 'Ziluolan'

凯瑞拉 *Rosa* 'Karina'　　简爱　*Rosa* 'Mirabai'　　塔哈尼雅 *Rosa* 'Tahlia'

恬静少女 *Rosa* 'Marathon'　　　　　　　　泰姬　*Rosa* 'Taj Mahal'

波西米亚 *Rosa* 'Boximia'

鹤望兰（天堂鸟、极乐鸟、荷兰鸟、极乐鸟之花）　　旅人蕉科　　鹤望兰属
Strelitzia reginae　　　　　　　　　　　　　　　　常绿大型宿根花卉

原产南非
喜光；喜高温多湿，生育适温24～30℃，越冬
10℃以上；耐旱，不耐积水

老虎须（箭根薯、老虎花、蒟蒻薯）　　　　　箭根薯科　　箭根薯属
Tacca chantrieri（ T. integrifolia）　　　　　　　　球根花卉

原产缅甸、泰国，中国广东省、广西壮族自治区、云南省有分布
喜半阴，亦耐阴；喜温暖至高温湿润，生育适温15～26℃；不耐旱

现代郁金香（洋荷花）品种群
Tulipa gesneriana Group

百合科　郁金香属

球根花卉

原种产土耳其

喜光，耐半阴；喜冬季温暖，生育适温
18~22℃

高档切花

141 **金花茶**
Camellia chrysantha（*C. petelotii*）

山茶科　　山茶属
常绿小乔木

产我国广西防城
喜半阴；喜温暖；喜酸性土

142 **银杉**
Cathaya argyrophylla

松科　　银杉属
常绿乔木

我国特产，产广西、四川等地
喜光；喜温暖湿润；喜酸性土壤

143	**福建柏** *Fokienia hodginsii*	柏科	福建柏属
		常绿乔木	

原产我国东南、西南及南部多省，福建最甚，
越南北部有分布
喜光；喜暖热湿润，不耐寒;不耐旱

144	**水杉** *Metasequoia glyptostroboides*	杉科	水杉属
		落叶乔木	

原产我国四川、湖北、湖南相邻处
喜光；喜温暖湿润，能耐-25℃低温；耐水湿；喜酸性土

侧柏（扁柏）

Platycladus orientalis (*P. stricta, Biota o., Thuja o., T. o.* var. *argyi, T. chengii*)

柏科　侧柏属

常绿乔木

中国特有，广布，各地均有栽培

喜光，耐半阴；耐寒；耐干旱瘠薄

中国特有的世界著名观赏树

珙桐（水梨子、鸽子树、鸽子花树）　　　　珙桐科　　珙桐属
Davidia involucrata　　　　　　　　　　　　　　落叶乔木

我国特有，产陕西、湖北、湖南、四川、贵州及云南
喜半阴；喜温凉湿润，以空气湿度较高为佳，忌干燥；
忌碱性土壤

| 147 | **白皮松**（白骨松、白果松、虎皮松） | 松科 | 松属 |
| | *Pinus bungeana* | 常绿乔木 | |

中国特产

喜光，稍耐阴；适干冷，可耐-30℃低温

| 148 | **槐树**（国槐、家槐） | 蝶形花科 | 槐属 |
| | *Sophora japonica*（*Styphnolobium j.*） | 落叶乔木 | |

原产我国北部

喜光，略耐阴；极耐寒；耐干旱瘠薄

149 **龙爪槐**（蟠槐） 蝶形花科　槐属
Sophora japonica' Pendula' (S. j. var. p.) 落叶灌木或小乔木

原种产中国
喜光，略耐阴；极耐寒；耐干旱瘠薄

150 **文冠果**（文官果） 无患子科　文冠果属
Xanthoceras sorbifolia 落叶灌木或小乔木

原产我国北部
喜光，耐半阴；喜冷凉至温暖，生育适温
16～24℃；耐旱

2

中国著名的观赏植物

这里收集了中国重点保护植物、中国名花、与佛教相关的植物及云南特色植物等4类423种中国著名的观赏植物。

151 栁椤（树蕨）
Cyathea spinulosa (Alsophila s.)

桫椤科　桫椤属

树状

原产我国西南、华南、福建及台湾

喜半阴，亦耐阴；喜温暖至高温多湿，生育适温18～28℃

152 贵州苏铁
Cycas guizhouensis

苏铁科　苏铁属

常绿棕榈状灌木

原产我国西南，贵州较集中

喜光，亦耐阴；喜温暖，不耐寒；喜干燥

攀枝花苏铁
Cycas panzhihuaensis

苏铁科　苏铁属
常绿灌木

原产我国四川攀枝花市金沙江北岸
喜光；喜温暖湿润；喜石灰岩地质

154

箆齿苏铁
Cycas pectinata

苏铁科　苏铁属
常绿棕榈状灌木至小乔木

产我国云南南部
喜光，耐半阴；喜暖热湿润

苏铁（铁树、凤尾蕉、避火蕉、凤尾树、凤尾松）

Cycas revoluta

苏铁科　　苏铁属

常绿棕榈状灌木

原产我国东南沿海，日本、菲律宾、印度尼西
亚及马来西亚有分布

喜光，亦耐阴；喜温暖干燥，越冬5℃以上

中国重点保护树种

华盖木
156
Manglietiastrum sinicum(Magnolia sinica)

木兰科	华盖木属
常绿乔木	

我国云南特有，产西畴县
喜光，亦耐阴；喜温暖湿润

望天树（小叶船板树）
157
Palashorea chinensis(Shorea ch.)

龙脑香科	柳安属
常绿大乔木	

产我国云南西双版纳勐腊
喜光；喜高温多湿

摄于吴哥

秃杉 杉科 台湾杉属

Taiwania flousiana(T. cryptomerioides) 常绿大乔木

产我国云南西部、贵州东南部及湖北西南部，
缅甸北部亦有分布

喜光；适温凉，喜夏季多雨，冬季较干；宜酸性
土壤

159

红豆杉（红果杉、观音杉） 红豆杉科 红豆杉属

Taxus chinensis(T. wallichiana var. *ch.)* 常绿乔木

我国特有树种，广布秦岭以南
喜光；喜温暖湿润，耐寒性强

喙核桃
Annamocarya sinensis

胡桃科　　喙核桃属

落叶乔木

产我国云南、广西、贵州
喜光，稍耐阴；喜暖热湿润

苏铁蕨
Brainia insignis

乌毛蕨科　　苏铁蕨属

苏铁状灌木

产我国云南南部、贵州、广东，广西，以及东南亚
喜半阴且耐阴；喜温暖湿润

162 翠柏（大鳞肖楠、酸柏、香翠柏、肖楠）
柏科　翠柏属
常绿乔木

Calocedrus macrolepis

我国云南特有，产滇中、滇南，贵州、广西有
分布，越南、缅甸亦有分布
喜光，幼树耐阴；喜温暖

摄于昆明世博园

获世界柏树移植吉尼斯纪录

163 凹脉金花茶
山茶科　山茶属
常绿大灌木

Camellia impressinervis

产我国广西龙州
喜半阴；喜温暖至高温，生育适温18～26℃；
喜湿润，忌干旱

164 南山茶（云南山茶、腾冲红花油茶）

Camellia reticulata(*C. pitardii* var. *yunanica*)

山茶科　山茶属

常绿大灌木或小乔木

我国云南特产

喜半阴亦耐阴；喜温暖湿润，生育适温
15～25℃；喜酸性土壤

165 董棕（孔雀椰子）

Caryota urens

棕榈科　鱼尾葵属

常绿乔木状

我国云南特有

喜光，亦耐阴；喜暖热湿润；喜微酸性土壤

166	**水松**（水莲松） *Glyptostrobus pensilis (Taxodium sinensis)*	杉科	水松属
		半常绿乔木	

中国特有
极喜光；喜温暖湿润，不耐寒；极耐水湿；
不耐盐碱土

167	**厚朴** *Magnolia officinalis*	木兰科	木兰属
		落叶乔木	

产中国
喜光；喜温凉湿润；喜酸性土壤

栌菊木
Ncuelia insignis

菊科　栌菊木属

常绿灌木至小乔木

产我国云南、四川干热河谷

喜光；喜干热气候

摄于云南土林

马尾树
Rhoiptelea chiliantha

马尾树科　马尾树属

落叶乔木

产我国云南南部、西南部，以及广西、贵州等地

喜光；喜温暖湿润；不耐旱；喜钙质土

| 170 | 雪莲 *Saussurea involucrata* | 菊科 | 凤毛菊属 |
| | | 多年生草本 | |

分布于高山近雪浅处

喜光耐阴；喜冷凉湿润，极耐寒；不耐积水

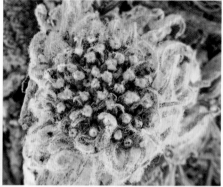

| 171 | 台湾杉 *Taiwania cryptomerioides* | 杉科 | 台湾杉属 |
| | | 常绿大乔木 | |

原产我国台湾

喜光；喜温暖湿润

龙棕
Trachycarpus nanus

棕榈科	棕榈属
矮小灌木状	

产我国云南，贵州东南部有分布
喜光，极耐阴；喜温暖湿润，可耐-8℃低温；耐旱，耐水湿

华榛（鸡栗子、小白果）
Corylus chinensis

榛科	榛属
落叶乔木	

产我国云南、四川、贵州、湖北、甘肃等省
喜光，耐半阴；喜温暖湿润

174　八角莲（唐婆、鬼臼）

鬼臼科　**八角莲属**

Dysosma versipellis(D. pleiantha, Podophyllum versipelle)

宿根花卉

产我国西南南部

喜光，耐半阴；喜温暖湿润，不耐寒；忌积水

175　剑叶龙血树（岩棕）

龙舌兰科　**龙血树属**

Dracaena cochinchinensis(D. chinchine)

常绿乔木状

产我国云南南部、广西等地

喜光，喜温暖至高温，耐旱，喜石灰岩山地

红花木莲

176

Manglietia insignis(M. maguanica, M. tenuifolia, Magnolia i.)

木兰科	木莲属
常绿乔木	

产我国云南

喜光，亦耐阴；喜温暖湿润，生育适温16～28℃；不耐积水和干旱；喜酸性土壤

扇蕨

177

Neocheiropteris palmatopedata

水龙骨科	扇蕨属
直立状	

分布我国滇中、川西、黔西南

喜阴湿，不耐旱；喜温暖，不耐寒

178 黄牡丹
Paeonia lutea

芍药科　芍药属

落叶亚灌木

产我国云南西北部、四川西南部

喜光，稍耐阴；喜冷凉

179 鸡毛松
Podocarpus imbricatus(*P. i.* var. *patulus*)

罗汉松科　罗汉松属

常绿乔木

产我国云南南部

喜光，亦耐阴；喜暖热湿润

180 **绒毛番龙眼**（茸毛番龙眼） 无患子科　番龙眼属
Pometia tomentosa 常绿高大乔木

分布亚洲东南部，我国产云南和台湾
喜光；喜高温湿润

181 **黄杉**（短片花旗松） 松科　黄杉属
Pseudotsuga sinensis 常绿乔木

我国特有，产湖北、湖南及云南、贵州、四川
喜光；喜温暖湿润；要求夏季多雨，耐冬春干旱

73

182	筇竹（罗汉竹）	竹亚科	筇竹属
	Qiongzhuea tumidinoda	复轴型竹	

我国特有，主产西南

喜光，亦耐半阴；喜温暖湿润

183	青梅（青皮、海梅）	龙脑香科	青梅属
	Vatica astrotricha(*V. mangachapoi*)	常绿乔木	

产我国广西、海南，以及亚洲中南半岛

喜光；喜高温高湿，不耐寒

昆明柏（黄尖刺柏）
Sabina gaussenii

柏　科　　圆柏属

常绿乔木

我国特有，产云南
喜光；喜温暖湿润

秤锤树（秤砣树、捷克木）
Sinojackia xylocarpa

野茉莉科　秤锤树属
落叶小乔木

我国特有，产江苏、四川、湖南、广东等地
喜光，耐半阴；喜温暖湿润，较耐寒；耐旱；
喜酸性土壤

齐头绒
Zippelia begoniaefolia(Circaeocarpus b.,　C. saururoides)

胡椒科　齐头绒属
多年生直立草本

产我国云南南部
喜散射光，耐阴；喜暖热湿润，不耐寒；不耐旱

187 桃花（果桃、毛桃、白桃）

Amygdalus persica(Prunus p.)

蔷薇科　桃属
落叶灌木或小乔木

原产中国
喜光；喜温暖，生长适温15～26℃；耐旱

188 梅（梅花、春梅、干枝梅）

Armeniaca mume(Prunus m.)

蔷薇科　杏属
落叶灌木或小乔木

原产我国西南
喜光，稍耐阴；喜温暖湿润，生长适温15～25℃

| 189 | **朱砂梅**（红梅） | 蔷薇科 | 杏属 |
| | *Armeniaca mume* 'Kunming Cinnabar' | 落叶灌木 | |

原种产中国

喜光，稍耐阴；喜温暖湿润，生长适温15～25℃

| 190 | **宫粉梅**（粉梅） | 蔷薇科 | 杏属 |
| | *Armeniaca mume* 'Pinkdouble' | 落叶乔木 | |

原种产中国

喜光，稍耐阴；喜温暖湿润，生长适温
15～25℃

	绿萼梅（绿梅）	蔷薇科	杏属
191	*Armeniaca mume'* Viridicalyx' (*A.m.'* Lue')	落叶乔木	

原种产中国

喜光，稍耐阴；喜温暖湿润，生长适温
15～25℃

	山茶（山茶花、华东山茶、耐冬、海石榴、曼陀罗）	山茶科	山茶属
192	*Camellia japonica*	常绿灌木或小乔木	

原产我国，主要分布中部、南部各省，日本、
朝鲜半岛的南部有分布

喜半阴；喜温暖湿润，生长适温15～25℃，能
耐-10℃低温；喜酸性土

193	**蜡梅**（蜡梅、黄梅花、干枝梅） *Chimonanthus praecox (C. fragrans, Meralia p.)*	蜡梅科	蜡梅属
		落叶或半常绿丛生大灌木	

中国特产

喜光略耐阴；生育适温15～25℃；耐旱；喜微酸性沙壤

194	**天彭牡丹**（彭州牡丹） *Cymbidium 'Peng zhou'*	兰科	兰属
		地生兰	

原种产中国

喜光，稍耐阴；喜温暖湿润，生长适温15～25℃

菊花品种群

Dendranthema grandiflorum Group

菊科　菊属

宿根花卉

原种产中国

喜光；喜凉爽湿润，有一定耐寒性

粉面芙蓉 *Dendranthema* 'Fen Mian Fu Rong'

薄荷香 *Dendranthema* 'Bo He Xiang'

杨妃待砚 *Dendranthema* 'Yang Fei Dai Yan'

光芒万丈 *Dendranthema* 'Guang Mang Wan Zhang'

村姑含笑 *Dendranthema* 'Cun Gu Han Xiao'

白毛菊 *Dendranthema* 'Bai Mao Ju'

二色十八 *Dendranthema* 'Er Se Shi Ba'

长风万里 *Dendranthema* 'Chang Feng Wan Li'

粉夔龙 *Dendranthema* 'Fen Kui Long'

红情绿意 *Dendranthema* 'Hong Qing Lv Yi'

绿鹦鹉 *Dendranthema* 'Lv Ying Wu'

红十八 *Dendranthema* 'Hong Shi Ba'

琥珀凝翠 *Dendranthema* 'Hu Po Ning Cui'

极光 *Dendranthema* 'Ji Guang'

金线贯珠 *Dendranthema* 'Jin Xian Guan Zhu'

金虎啸 *Dendranthema* 'Jin Hu Xiao'

黄龙卷 *Dendranthema* 'Huang Long Juan'

绿云 *Dendranthema* 'Lu Yun'

千尺飞流 *Dendranthema* 'Qian Chi Fei Liu'

齐云落星 *Dendranthema* 'Qi Yun Luo Xing'

清见的美 *Dendranthema* 'Qing Jian De Mei'

圣光龙峰 *Dendranthema* 'Sheng Guang Long Feng'

银虎啸 *Dendranthema* 'Yin Hu Xiao'

青山绿水 *Dendranthema* 'Qing Shan Lv Shui'

紫雾凝霜 *Dendranthema* 'Zi Wu Ning Shuang'

仙女散花 *Dendranthema* 'Xian Nv San Hua'

雪艳 *Dendranthema* 'Xue Yan'

越之光 *Dendranthema* 'Yue Zhi Guang'

雨露蟠桃 *Dendranthema* 'Yu Lu Pan Tao'

银盘万胜 *Dendranthema* 'Yin Pan Wan Sheng'

桃花线 *Dendranthema* 'Tao Hua Xian'

紫薇（痒痒树、百日红、光皮树）

Lagerstroemia indica

千屈菜科　紫薇属

落叶灌木或乔木

原产中国、印度

喜光，稍耐阴；喜高温多湿，生育适温

23～30℃；喜石灰性土壤

390年的古紫薇树仍繁花盛开

昆明金殿树龄390年的古紫薇树

亚洲百合品种群
Lilium 'Asiatic-Hybrid' Group

百合科　百合属

球根花卉

种间杂种，产亚洲

喜光，耐半阴；喜冷凉，生育适温15～20℃

232 **东方百合**（葵百合）　　　　　　百合科　　百合属
Lilium 'Star Gazer' (*L.* 'Oriental Hybrid')　　　球根花卉

亲本产亚洲
喜光，耐半阴；喜冷凉，生育适温15～20℃

233 **玉兰**（白玉兰、木兰、玉堂春）　　　　木兰科　　木兰属
Magnolia denudata (*M. heptapeta*)　　　落叶乔木

中国特产
喜光，稍耐阴；颇耐寒，生育适温16～28℃；
喜湿润，不耐旱；喜酸性土壤

234	**垂丝海棠**（海棠、海棠花）	蔷薇科	苹果属
	Malus halliana	落叶灌木或小乔木	

产我国云南、四川及浙江一带

喜光，不耐阴；喜温暖湿润；生育适温
15～22℃；喜酸性土壤

235	**重瓣垂丝海棠**	蔷薇科	苹果属
	Malus halliana var. *parkmanii*	落叶灌木或小乔木	

原种产我国云南、四川及浙江一带

喜光，不耐阴；喜温暖湿润，生育适温
15～23℃；喜酸性土壤

236 湖北海棠（茶海棠）
Malus hupehensis

蔷薇科	苹果属
落叶乔木	

产我国湖北和西南及西北地区
喜光；喜温暖湿润，可耐-40℃低温；耐水湿，亦耐旱

237 杂种海棠
Malus hybrida

蔷薇科	苹果属
落叶灌木或小乔木	

杂交种
喜光；喜温暖湿润，不耐寒

| 238 | 西府海棠（小果海棠、重瓣粉海棠、海红、海棠花） | 蔷薇科 | 苹果属 |
| | *Malus micromalus* | 落叶小乔木 | |

原产我国北部

喜光；耐寒，生育适温18～26℃；耐旱

| 239 | 三叶海棠（裂叶海棠） | 蔷薇科 | 苹果属 |
| | *Malus sieboldii* | 落叶小乔木 | |

原产我国北部

喜光，耐寒，耐旱

240 **中国水仙**（凌波仙子、雅蒜、雅葱、天葱）　　石蒜科　　水仙属
Narcissus tazetta var. *chinensis*　　球根花卉

法国水仙的变种，原种产地中海地区
喜光；喜冷凉，生育适温10~15℃；喜水养

241 **桂花**（金犀、木樨）　　木樨科　　木樨属
Osmanthus fragrans (*Olea f.*)　　常绿灌木至小乔木

原产中国、日本
喜光，稍耐阴；喜温暖，生育适温15~26℃；喜微
酸性土壤

荷花品种群
Nelumbo nucifera Group

莲科　莲属

挺水花卉

原种产中国

喜光, 不耐阴; 喜温暖, 生育适温23～30℃, -5℃不受冻

人面桃花

宏图

水栀子

雨水芙蓉

瑞雪

昌白莲

中国名花

芍药品种群
Paeonia lactiflora Group

芍药科　芍药属

宿根花卉

原产中国北部，西伯利亚、朝鲜半岛及日本有分布
喜光，亦耐半阴；喜冷凉；生育适温10～20℃；耐旱；宜
微酸性沙壤

牡丹（洛阳花、木芍药、富贵花）品种群
Paeonia suffruticosa Group

芍药科　芍药属

落叶亚灌木

中国特有，原产我国西部及北部

喜光，稍耐阴；喜冷凉，生育适温8～20℃；较耐碱

中
国
名
花

273 **满山红**（山石榴、石郎头、三叶杜鹃） 杜鹃花科　杜鹃花属
Rhododendron mariesii 落叶灌木

产我国长江下游，南达福建、台湾
喜光；喜温暖湿润

274 **紫水晶毛白杜鹃** 杜鹃花科　杜鹃花属
Rhododendron mucronatum 'Amethystinum' 常绿或半常绿灌木

原种产我国华东及日本
喜光，喜温暖湿润，耐干旱瘠薄

275	**紫堇毛白杜鹃** *Rhododendron mucronatum* 'Lilacinum'	杜鹃花科　　杜鹃花属
		常绿或半常绿灌木

原种产我国华东及日本

喜光; 喜温暖湿润; 耐干旱瘠薄

276	**杜鹃花**（映山红、照山红、山踯躅） *Rhododendron simsii* (*Rh. indicum* var. *s.*)	杜鹃花科　　杜鹃花属
		落叶或半常绿灌木

产我国中部至南部

喜光，稍耐阴；不耐寒，生育适温20～28℃；

耐旱；喜酸性土壤

277 紫点杜鹃

Rhododendron simsii 'Mesembrinum' (*Rh. s.* var. *m.*)

杜鹃花科　杜鹃花属

落叶或半常绿灌木

原种产我国中部至南部

喜光，稍耐阴；不耐寒，生育适温20～30℃；
耐旱；喜酸性土壤

278 紫白纹杜鹃（彩纹杜鹃）

Rhododendron simsii 'Vittatum' (*Rh. s.* var. *v.*)

杜鹃花科　杜鹃花属

落叶或半常绿灌木

原种产我国中部至南部

喜光，稍耐阴；不耐寒，生育适温20～31℃；
耐旱；喜酸性土壤

279	**月季**（月月红） *Rosa chinensis*	蔷薇科	蔷薇属
		常绿或半常绿带刺灌木	

原产我国中部及西南部
喜光；喜温暖湿润，生育适温15～28℃

280～296	**现代月季** *Rosa* spp.	蔷薇科	蔷薇属
		常绿灌木	

原种产中国

中国名花

297 玫瑰（徘徊花、刺玫花）

Rosa rugosa

蔷薇科　蔷薇属

落叶丛生带刺灌木

原产我国华北、西北及西南，日本、朝鲜半岛、俄罗斯亦有分布

喜光，略耐阴；喜通风；生长适温12～18℃；耐旱

298 紫丁香（华北紫丁香、丁香）

Syringa oblata

木樨科　丁香属

落叶灌木或小乔木

产中国、朝鲜半岛

喜光，稍耐阴；喜冷凉至温暖，生育适温8～18℃；耐旱

299 白丁香（白花紫丁香）

Syringa oblata var. *alba*

木樨科	丁香属
落叶灌木或小乔木	

原种产中国、朝鲜半岛

喜光，稍耐阴；喜冷凉至温暖，生育适温

8～18℃；耐旱

300 北京黄丁香（黄丁香）

Syringa pekinensis 'S.Beijing Huang'

木樨科	丁香属
落叶大灌木或小乔木	

栽培品种，我国北京植物园选育而成

喜光，稍耐阴；较耐寒；喜湿润，亦耐干旱

301 关东丁香

Syringa velutina

木樨科　丁香属

落叶灌木

分布我国北部

喜光；喜冷凉至温暖，耐旱

302 木棉（攀枝花、英雄树）

Boombax ceiba (B. malabarica, B. malabaricum, Gossampinus malabarica)

木棉科　木棉属

落叶大乔木

产亚洲南部至大洋洲，我国云南、贵州、广东、广西有分布

喜光；喜温暖至高温，生育适温23～30℃；较耐旱；耐火烧；喜微酸性或中性土壤

蜀葵（端午锦、一丈红、熟季花、蜀季花）品种群

Althaea rosea Group

锦葵科　蜀葵属

宿根花卉

原产中国

喜光，亦耐半阴；喜温暖至高温，生育适温
15~30℃；喜湿润，亦耐旱

314 榆叶梅（榆梅、小桃红）　薔薇科　桃属
Amygdalus triloba (Prunus t., P.a.f.simplex)　落叶灌木

产我国北部
喜光；耐寒，生长适温15～24℃；耐旱；耐碱

315 杏（野杏）　薔薇科　杏属
Armeniaca vulgaris (Prunus armeniaca)　落叶乔木

分布我国北方、西南及长江中下游各省
喜光；极耐寒（能忍受-40℃低温），亦能耐高
温；耐旱

合欢（夜合树、马缨花、青裳）

Albizzia julibrissin

含羞草科　合欢属

落叶乔木

产我国黄河以南各地及南亚至北非，日本有分布

喜光，不耐阴；喜温暖湿润，生育适温

16～26℃；耐干旱瘠薄

中国名花

凌霄（紫葳、女葳花、堕胎花、中国凌霄、大花凌霄）　　紫葳科　　凌霄属

Campsis grandiflora　　落叶木质藤本

317

原产中国，日本、朝鲜半岛有分布

喜光，稍耐阴；喜高温多湿，生育适温

20~28℃；耐旱

紫荆（满条红、紫珠、光棍树、裸枝树）　　苏木科　　紫荆属

Cercis chinensis　　落叶灌木或小乔木

318

产我国中部

喜光，有一定耐寒性，忌积水

石竹（中国石竹、五彩石竹、洛阳石竹、洛阳花）

Dianthus chinensis

石竹科　石竹属

宿根花卉

原产中国、韩国、朝鲜

喜光；生育适温10～20℃，越冬2℃以上；耐旱

320 **荷包牡丹**（里拉花、金令儿草、兔牡丹）　荷包牡丹科　荷包牡丹属
Dicentra spectabilis (*D.* 'Baimaoju')　　宿根花卉

原产我国北方及日本、朝鲜半岛、西伯利亚
喜阴凉，生育适温15～22℃；喜湿润，不耐旱

321 **刺桐**（广东象牙红、海桐、山芙蓉）　蝶形花科　刺桐属
Erythrina variegata (*E. v.* var. *orientalis*)　　落叶乔木

产印度及马来西亚
喜光；喜温暖湿润，生育适温22～30℃；耐旱

栀子花（黄栀子、山栀子、栀子）

茜草科　栀子花属

Gardenia jasminoides (G. augusta)

常绿灌木

原产我国长江流域及以南地区

喜光，亦耐阴；喜温暖至高温，生育适温18～28℃，越冬-3℃以上；耐干旱瘠薄，喜酸性的轻黏壤土

木芙蓉（芙蓉花、拒霜花）

锦葵科　木槿属

Hibiscus mutabilis

落叶灌木或小乔木

原产中国

喜光，稍耐阴；喜温暖，耐高温，生育适温18～30℃；耐水湿

324 **扶桑**（朱槿、大红花、佛桑） 锦葵科　木槿属
Hibiscus rosa-sinensis 常绿灌木

原产我国南部
喜光，不耐阴；喜温暖至高温，生育适温
20～30℃，越冬10℃以上

325 **木槿**（朝开暮落花、篱障花） 锦葵科　木槿属
Hibiscus syriacus 落叶灌木

原产东亚
喜光，亦耐半阴；喜温暖至高温，生育适温
20～25℃；耐干旱瘠薄

绣球花（绣球、紫阳花、八仙花）

Hydrangea macrophylla

绣球花科　绣球花属

亚灌木

原产中国及日本

喜光，亦耐阴；喜温暖或冷凉，生育适温15～25℃

327 凤仙花（指甲花、急性子、小桃红、金凤花）
Impatiens balsamina

凤仙花科　　凤仙花属
一年生花卉

原产我国南部、印度和马来西亚
喜光；喜温暖至高温，生育适温15～32℃；不
耐旱；喜微酸性土壤

328 迎春（迎春花、金腰带）
Jasminum nudiflorum

木樨科　　茉莉属
落叶半蔓性灌木

产我国北部、西北、西南
喜光，稍耐阴；喜冷凉至温暖，生育适温
15～24℃；耐旱；耐碱

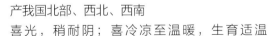

329 棣棠（地棠、黄度梅、清明花） 蔷薇科 棣棠属
Kerria japonica 落叶丛生灌木

产我国秦岭以南各地，日本亦有分布
喜半日照；喜温暖湿润，生育适温15～25℃

330 含笑（香蕉含笑、香蕉花、烧酒花） 木兰科 含笑属
Michelia figo (M. fuscata, M. mediocris) 常绿灌木

原产我国华南
喜光，亦耐半阴；喜温暖湿润，生育适温
18～30℃；不耐干旱瘠薄；喜微酸性土壤

南天竹（天竹子、南天竺、栏杆竹）
Nandina domestica

331

南天竹科　南天竹属
常绿灌木

原产中国、日本、朝鲜半岛及印度

喜半阴，亦耐阴；喜温暖，生育适温

15～25℃；耐水湿，耐旱；耐酸性土壤

虞美人（蝴蝶满园春、丽春花、赛牡丹）　　罂粟科　　罂粟属

Papaver rhoeas　　一、二年生花卉

原产北美西部

喜光；喜冷凉，生育适温5～20℃

报春花　　报春花科　　报春花属

Primula malacoides　　宿根花卉

原产我国西南

喜光，亦耐阴；喜冷凉，生育适温15～20℃，

越冬6℃以上；忌干燥

石榴（安石榴）
Punica granatum

安石榴科　　石榴属
落叶灌木或小乔木

原产伊朗、阿富汗

喜光；喜高温高湿，生育适温23～30℃；耐干旱瘠薄

紫藤（藤萝、藤花、朱藤）

Wisteria sinensis (Wistaria s.)

蝶形花科　　紫藤属

落叶蔓性藤木

原产中国

喜光，稍耐阴；喜温暖湿润，生育适温

15～25℃；稍耐旱，耐瘠薄，耐水湿

摄于韩国

中国名花

锦带花（锦带、海仙） 忍冬科 锦带花属
Weigela florida (Diervilla florida)
落叶灌木

336

原产中国、朝鲜半岛、日本及俄罗斯
喜光；喜温暖湿润，生育适温12~22℃；耐干
旱瘠薄

乌头（川乌头、草乌） 毛茛科 乌头属
Aconitum carmichaeli
宿根花卉

337

原产我国，自川藏高原至长江中下游、珠江上游
各省
喜半阴；喜凉爽湿润，较耐寒；忌干旱

338	**落新妇**（南红升麻、升麻） *Astilbe chinensis*	虎耳草科	落新妇属
		宿根花卉	

产我国长江流域至东北各地，朝鲜半岛、俄罗斯亦有分布
喜光；喜凉爽至温暖，耐寒；耐旱

339	**马蹄豆**（矮白花羊蹄甲） *Bauhinia acuminata*	苏木科	羊蹄甲属
		常绿灌木	

原产印度、缅甸、马来西亚
喜光；喜高温，生育适温23～32℃；耐旱

340 红花羊蹄甲（洋紫荆、红花紫荆、兰花树、艳紫荆）

Bauhinia blakeana

苏木科　羊蹄甲属

常绿小乔木

杂交种，产中国

喜光；稍耐阴；喜温暖至高温，生育适温
20～30℃；喜酸性土壤

341 单蕊羊蹄甲

Bauhinia monandra

苏木科　羊蹄甲属

常绿小乔木

原产南美洲圭亚那

喜光；喜高温湿润

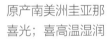

342　紫花羊蹄甲（羊蹄甲）
Bauhinia purpurea (*B. triandra*)

苏木科	羊蹄甲属
落叶小乔木	

原产亚洲热带（印度、斯里兰卡）

喜光；喜高温，耐热，生育适温22～30℃；耐旱

343　黄花羊蹄甲
Bauhinia tomentosa

苏木科	羊蹄甲属
落叶灌木	

原产亚洲热带、北非

喜光；喜高温湿润，生育适温22～30℃

344

云南羊蹄甲
Bauhinia yunnanensis

苏木科　　羊蹄甲属

常绿灌木

产我国云南南部
喜光；喜高温湿润

345

翠菊（江西腊、七月菊、蓝菊、八月菊）
Callistephus chinensis

菊科　　翠菊属

一年生花卉

我国特有，分布东北、华北、四川及云南，日本有分布
喜光；喜温暖湿润，生育适温15~25℃，越冬2℃以上

樱花
Cerasus serrulata (Prunus s.)

蔷薇科　樱属

落叶乔木

产我国东北、华北至长江流域

喜光；稍耐寒，生育适温15～22℃；耐旱

贴梗海棠（贴梗木瓜、皱皮木瓜、铁脚海棠、铁角梨）
Chaenomeles speciosa (Ch.lagenaria)

蔷薇科　木瓜属

落叶灌木

原产我国西南至南部

喜光，亦耐阴；喜温暖潮湿，生育适温

15～25℃；耐旱不耐涝；耐微酸性至中性土；耐

修剪，易移植

杂交铁线莲（杰克蔓铁线莲、番莲）

Clematis hybrida

原种广布北半球温带，我国分布于西南

喜光；喜冷凉，生育适温15～20℃；喜酸性或

中性土壤

349	**流苏**（萝卜丝花、茶叶树、乌金子、炭栗木）	木樨科	流苏属
	Chionanthus retusus	落叶大灌木或乔木	

原产我国辽宁及华北、华中地区

喜光，耐半阴；生育适温20~27℃；耐旱

昆明黑龙公园240多年的流苏古树

350	**厚叶栒子**（尖叶栒子、钝叶栒子、云南栒子）	蔷薇科	栒子属
	Cotoneaster coriaceus（C. glabratus, C. hebephyllus)	落叶或半落叶灌木	

产我国西南

喜光；喜温暖湿润；喜酸性土壤

351 平枝枸子（铺地蜈蚣）
Cotoneaster horizontalis

薔薇科　　枸子属

落叶或半落叶匍匐灌木

产我国西南、西北、华中等地
喜光；喜酸性土壤

352 小叶枸子（铺地蜈蚣、地锅巴、小黑牛筋）
Cotoneaster microphyllus

薔薇科　　枸子属

常绿矮灌木

产我国西南
喜光且耐阴；耐寒；耐干旱瘠薄

柳叶栒子（木帚子）

Cotoneaster salicifolius

蔷薇科	栒子属
常绿或半常绿灌木	

分布我国西南、华中
喜光；喜温暖；耐旱

插图：欧洲花镜之一

354　花叶栒子

Cotoneaster 'Variegalus'

蔷薇科　　栒子属

常绿灌木

栽培品种

喜光；喜温暖湿润；耐干旱

355　大花翠雀（大花飞燕草、翠雀花）

Delphinium grandiflorum (*D.g.var.chinense. D.cultorum*)

毛茛科　　翠雀属

宿根花卉

产中国及西伯利亚

喜光；耐半阴；喜冷凉至温暖，生育适温

15～25℃

356	**溲疏** *Deutzia scabra*	山梅花科	溲疏属
		落叶灌木	

产我国，广布长江流域各省

喜光稍耐阴；喜温暖湿润，生育适温15～26℃

357	**结香**（打结花、黄瑞香、梦花、三桠、滇瑞香） *Edgeworthia chrysantha (E. papyrifera, E. tomentosa)*	瑞香科	结香属
		落叶灌木	

产我国长江流域以南、西南、陕西等地

喜半阴；喜温暖湿润，生育适温15～28℃；不耐旱

358 **连翘**（黄寿丹、黄花杆、绥丹） 木樨科　连翘属
Forsythia suspensa 落叶灌木

产我国北部、中部及东北各省
喜光，稍耐阴；耐寒，生育适温15～25℃；喜
湿润，亦耐干旱瘠薄

359 **萱草**（黄花、日中百合、忘忧草、忘萱草） 百合科　萱草属
Hemerocallis fulva 宿根花卉

原产中国、日本及南欧
喜光，耐半阴；喜温暖至冷凉，生育适温
15～28℃；耐旱

金丝桃

Hypericum chinensis (H. monogynum)

金丝桃科　金丝桃属
常绿、半常绿灌木

原产中国
喜光，略耐阴；喜温暖，生育适温15～25℃；
喜中性至微酸性土壤

361

鸢尾（蓝蝴蝶、扁竹花）

Iris tectorum

鸢尾科　鸢尾属
宿根花卉

原产我国云南、四川、江苏、浙江等地
喜光，亦耐阴；喜温暖湿润，生育适温15～25℃；
耐旱

362 猬实
Kolkwitzia amabilis

忍冬科　猬实属
落叶灌木

我国特产，分布于北部及西北部
喜光，喜温暖湿润，生育适温18-25℃；耐干旱瘠薄

363 金银花（金银藤、忍冬）
Lonicera japonica

忍冬科　忍冬属
半常绿缠绕藤本

原产中国，朝鲜半岛、日本亦有
喜光，亦耐阴；喜温暖至高温，生育适温
15～28℃；耐旱

金银木（金银忍冬）

Lonicera maackii (*L. m.* var. *podocarpa*)

忍冬科　　忍冬属

落叶灌木

我国东北、华北、西北广为栽培；朝鲜、俄罗斯有分布

喜光，耐阴；耐寒，耐旱

中国名花

红檵木（红花檵木）

Loropetalum chinense 'Rubrum' (*L. ch.* var. *r.*)

金缕梅科　　檵木属

落叶灌木或小乔木

我国湖南选育

喜光，耐半阴；喜温暖至冷凉，生育适温15~25℃

红花石蒜（龙爪花、蟑螂花、石蒜） 石蒜科　石蒜属
Lycoris radiata（*Amaryllis r.*） 球根花卉

原产中国、日本
喜半阴；喜冷凉至温暖，生育适温15~25℃；不耐旱

阔叶十大功劳（十大功劳、土黄柏） 小檗科　十大功劳属
Mahonia bealei 常绿灌木

产我国华中、华东、西南各地
极耐阴；喜温暖；耐湿，亦耐旱

| 368 | **蓝果十大功劳**
Mahonia caelicolor | 小檗科 十大功劳属 |
| | | 常绿灌木 |

产我国云南景东等地

喜光；喜温暖至暖热；耐干旱瘠薄

| 369 | **鸭脚黄连**
Mahonia flavida | 小檗科 十大功劳属 |
| | | 常绿灌木 |

产我国云南昆明等地

喜半阴，亦耐阴；喜温暖湿润；耐旱

370	狭叶十大功劳（十大功劳、土黄柏、窄叶十大功劳）	小檗科	十大功劳属
	Mahonia fortunei	常绿灌木	

原产我国，四川、湖北、浙江为分布中心

喜半阴，亦耐阴；喜冷凉至温暖，生育适温

15～25℃；耐旱

371	长叶十大功劳	小檗科	十大功劳属
	Mahonia lomariifolia	常绿灌木	

产我国云南

喜半阴，亦耐阴；喜冷凉至温暖；耐旱

372

太平花（京山梅花、北京山梅花）

Philadelphus pekinensis

山梅花科　　山梅花属

落叶灌木

原产中国

喜光，稍耐阴；喜温暖至冷凉

373

桔梗（僧冠帽、六角荷、铃铛花、六角花、僧帽花、气球花）

Platycodon grandiflorum

桔梗科　　桔梗属

宿根花卉

产中国、日本、朝鲜、俄罗斯的西伯利亚

喜阳，亦稍耐阴；喜冷凉至温暖，生育适温

15～28℃

141

374 **火棘**（火把果、红果、救军粮）

Pyracantha fortuneana（P. crenato-serrata）

蔷薇科　火棘属

常绿灌木

产我国黄河流域以南及西南地区

喜光；喜温暖不耐寒，生育适温20～30℃；耐干旱瘠薄

375 **多花蔷薇**（野蔷薇）

Rosa multiflora

蔷薇科　蔷薇属

落叶攀缘带刺灌木

产我国华北至长江流域，日本、朝鲜半岛也有分布

喜光，耐半阴；耐寒；耐旱；喜微酸性土壤

| 376 | **黄刺玫**（黄刺莓、刺玫花） | 蔷薇科 | 蔷薇属 |
| | *Rosa xanthina* | 落叶带刺灌木 | |

产中国、朝鲜半岛

喜光；喜冷凉，生育适温15～24℃；不耐旱

| 377 | **华北珍珠梅**（珍珠梅、吉氏珍珠梅） | 蔷薇科 | 珍珠梅属 |
| | *Sorbaria kirilowii* | 落叶丛生灌木 | |

产亚洲北部，我国北部广布

喜光，亦耐阴；耐寒，生育适温15～26℃

378

麻叶绣线菊（麻叶绣球、粤绣线菊）

Spiraea cantoniensis

蔷薇科　绣线菊属

落叶丛生灌木

原产我国华中、华南、西南

喜光，较耐阴；喜温暖湿润，生长适温
15～24℃；耐干旱瘠薄

379

珍珠花（喷雪花、珍珠绣线菊）

Spiraea thunbergii

蔷薇科　绣线菊属

落叶灌木

原产中国及日本

喜光，耐半阴；喜温暖，生长适温14～28℃；
稍耐旱

| 380 | **菱叶绣线菊**（杂种绣线菊）
Spiraea vanhoattei | 蔷薇科 | 绣线菊属 |
| | | 落叶灌木 | |

原种产中国

喜光，稍耐阴；喜温暖湿润，生长适温15～24℃；
耐旱；耐瘠薄

| 381 | **琼花**（八仙聚会、聚八仙花、琼花荚蒾）
Viburnum macrocephalum f. keteleeri | 忍冬科 | 荚蒾属 |
| | | 半常绿灌木至小乔木 | |

原种产中国

喜光，稍耐阴；颇耐寒，忌干旱；喜微酸
性土壤

145

椰子（椰树、可可椰子）

Coco nucifera

棕榈科　椰子属

常绿乔木状

原产东南亚及太平洋诸岛

喜光，不耐阴；喜高温多湿；年平均温度24℃
以上，越冬10℃以上

佛教植物

146

383 槟榔（槟榔子、大腹子、宾门）
Areca catechu

棕榈科　　槟榔属
常绿高大乔木状

原产马来西亚和印度，主要分布南亚和东南亚
幼时喜阴；喜高温多湿，生育适温20～28℃，
越冬15℃以上；不耐旱

384 糖棕（扇椰子、扇叶糖棕、汜棕、扇叶树头棕）
Borassus flabellifera

棕榈科　　糖棕属
常绿乔木状

原产亚洲和非洲热带
喜光；喜高温多湿，不耐寒；耐旱

菩提榕（思维树、圣洁之树）

Ficus religiosa

桑科　　榕属

常绿或半常绿乔木

原产印度，缅甸、斯里兰卡

喜光；喜高温高湿，生育适温22～32℃；耐旱

佛教植物

贝叶棕（团扇葵、行李椰子）

Corypha umbraculifera

原产印度、马来西亚、斯里兰卡等

喜光；喜高温高湿，越冬18℃以上；不耐旱

摄于吴哥

高大贝叶棕
Corypha elata

棕榈科　贝叶棕属

常绿高大乔木状

产印度、斯里兰卡、孟加拉、缅甸至菲律宾

喜光；喜高温高湿

佛教植物

388 **白花文殊兰**
Crinum album (C. yemense)

石蒜科　文殊兰属
球根花卉

产亚洲热带
喜光，亦耐阴；喜高温多湿

389 **红花文殊兰**（苏门答腊文殊兰、美丽文殊兰）
Crinum amabile (C. superbum)

石蒜科　文殊兰属
球根花卉

原产印度尼西亚
喜光，亦耐阴；喜高温湿润，生育适温
25～30℃，越冬10℃以上；耐旱，耐湿

390	**文殊兰**（白花石蒜、十八学士）	石蒜科	文殊兰属
	Crinum asiaticum var. *sinicum*	球根花卉	

原种产亚洲热带

喜光，亦耐阴；喜高温湿润，生育适温25～30℃，

越冬10℃以上；耐旱，耐湿

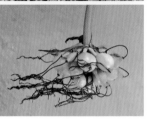

391	**黄姜花**（黄白姜花）	姜科	姜花属
	Hedychium chrysoleucum (*H. flavum*)	球根花卉	

产我国云南南部

喜半阴；喜温暖至高温多湿，生育适温

22～28℃

黄兰（黄缅桂、金玉兰）

Michelia champaca

木兰科	含笑属
常绿乔木	

六

花

产我国云南南部和西南部

喜光，不耐阴；喜暖热，不耐寒，生育适温
20～32℃；不耐旱

荷花（莲花、芙蕖、芙蓉）
Nelumbo nucifera

莲科	莲属
挺水花卉	

原产中国，广泛栽培

喜光，不耐阴；喜温暖，生育适温23～30℃，-5℃

不受冻

佛教植物

394

地涌金莲（昆明芭蕉、地金莲、地涌莲、地母金莲）

Musella lasiocarpa (Musa l., Ensete lasiocarpum)

芭蕉科　　地涌金莲属

大型宿根植物

我国云南特有，产滇中

喜光，稍耐阴；喜温暖湿润，生育适温18～28℃

395

鸡蛋花（缅栀子、蛋黄花、大季花）

Plumeria rubra var. *acutifolia (P. r. 'A.', P. alba)*

夹竹桃科　　鸡蛋花属

落叶灌木或小乔木

原种产墨西哥、委内瑞拉、西印度群岛

喜光；喜高温，生育适温23～30℃，越冬12℃

以上；耐旱；喜石灰岩土壤

396	**黄花无忧花** *Saraca cauliflora (S. thaipingensis)*	苏木科	无忧花属
		常绿乔木	

原产东南亚

喜光；喜高温，生育适温23～30℃；越冬12℃
以上；耐旱

397	**中国无忧花**（云南无忧花，火焰花） *Saraca dives*	苏木科	无忧花属
		常绿乔木	

产我国云南南部、华南

喜光；喜温暖至高温，生育适温20～28℃，
不耐寒

398 印度无忧花（无忧花、无忧树、宝冠木）
Saraca indica (*S. asoka*)

原产亚洲热带
喜光；喜高温，生育适温23～30℃，越冬12℃
以上；耐旱

399 红木（胭脂木）
Bixa orellana (*B. arborea*)

原产美洲热带
喜光，亦耐半阴；喜高温湿润，生育适温
22～30℃

| 400 | 银杏（公孙树、白果、东方圣树） | 银杏科 | 银杏属 |
| | *Ginkgo biloba* | 落叶大乔木 | |

中国特产
喜光；耐寒；耐干旱瘠薄

| 401 | 铁力木（铁木树、铁梨木） | 藤黄科 | 铁力木属 |
| | *Mesua ferrea* (*M. speciosa, M. pedunculata, M. nagessarium, M. coromandeliana*) | 常绿乔木 | |

产我国云南南部，广东、广西
喜光；喜高温高湿，不耐寒；耐旱

佛教植物

南山茶—宝珠茶

402

Camellia reticulata 'Baozhu Cha' (*C. r.* 'Bao Zhu Cha')

山茶科	山茶属
常绿灌木	

我国云南特产

喜半阴，亦耐阴；喜温暖湿润，生育适温

15~25℃；喜酸性土壤

南山茶—楚蝶

403

Camellia reticulata 'Chudie'

山茶科	山茶属
常绿灌木	

我国云南楚雄选育

喜半阴，亦耐阴；喜温暖湿润；喜酸性土壤

404	南山茶—楚雄茶	山茶科	山茶属
	Camellia reticulata 'Chuxiong Camellia' (C. 'Ch. C.')	常绿灌木	

我国云南楚雄选育

喜半阴，亦耐阴；喜温暖湿润；喜酸性土壤

405	南山茶—楚雄大理茶	山茶科	山茶属
	Camellia reticulata 'Chuxiong Dali Cha' (C. r. 'Ch. Tali Camellia', C. 'Ch.'s Queen')	常绿灌木	

我国云南楚雄选育

喜半阴，亦耐阴；喜温暖湿润；喜酸性土壤

南山茶—大理茶

Camellia reticulata 'Da Li Cha' (*C. taliensis, C. r.* 'Tali Camellia')

山茶科	山茶属
常绿大灌木	

我国云南大理选育

407 南山茶—大玛瑙（猪血拌豆腐）

Camellia reticulata 'Da Ma Nao' (*C. r.* 'Large Cornelian')

山茶科　　山茶属

常绿大灌木

名贵品种，我国云南昆明选育

喜半阴亦耐阴；喜温暖湿润，生育适温

15～25℃；喜酸性土壤

408 南山茶—大银红

Camellia reticulata 'Da Yin Hong'

山茶科　　山茶属

常绿灌木

我国云南昆明选育

喜半阴，亦耐阴；喜温暖湿润，生育适温

15～25℃；喜酸性土壤

滇池明珠
Camellia reticulata 'Dianchi Mingzhu'

山茶科	山茶属
常绿灌木	

我国云南昆明选育
喜半阴，亦耐阴；喜温暖湿润，生育适温
15～25℃；喜酸性土壤

南山茶—粉蝴蝶
Camellia reticulata 'Fen Hu Die' (*C. r.* 'Pink Butterfly')

山茶科	山茶属
常绿大灌木	

我国云南昆明选育
喜半阴，亦耐阴；喜温暖湿润，生育适温
15～25℃；喜酸性土壤

南山茶—凤山茶

山茶科 **山茶属**

Camellia reticulata 'Feng Shan Cha' (*C. r.* 'Fengshan Camellia')

常绿大灌木

我国云南凤庆育成

喜半阴，亦耐阴；喜温暖湿润，生育适温

15～25℃；喜酸性土壤

南山茶—红霞迎春

山茶科 **山茶属**

Camellia reticulata 'Hongxia Yingchun'

常绿大灌木

我国云南昆明选育

喜半阴，亦耐阴；喜温暖湿润，生育适温

15～25℃；喜酸性土壤

云南名特植物

413	**南山茶—靖安茶** *Camellia reticulata* 'Jing An Cha' (*C. r.* 'Tsingan's Camellia')	山茶科	山茶属
		常绿大灌木	

我国云南昆明选育

喜半阴，亦耐阴；喜温暖湿润，生育适温15～25℃；

喜酸性土壤

414	**南山茶—菊瓣**（通草片） *Camellia reticulata* 'Ju Ban' (*C. r.* 'Chrysanthemum Petal')	山茶科	山茶属
		常绿大灌木	

我国云南昆明选育

喜半阴，亦耐阴；喜温暖湿润，生育适温

15～25℃；喜酸性土壤

南山茶—柳叶银红

Camellia reticulata 'Liuye Yinhong' (*C. r.* 'Willow Leaf Spinel Pink')

山茶科　山茶属

常绿大灌木

我国云南昆明选育

喜半阴，亦耐阴；喜温暖，生育适温
15~25℃；喜湿润；喜酸性土壤

南山茶—麻叶银红

Camellia reticulata 'Maye Yinhong' (*C. r.* 'Reticulata Leaf Spinel Pink')

山茶科　山茶属

常绿大灌木

我国云南昆明选育

喜半阴，亦耐阴；喜温暖湿润，生育适温
15~25℃；喜酸性土壤

云南名特植物

南山茶—牡丹茶

417 *Camellia reticulata* 'Mu Dan Cha' (*C. r.* 'Peony Camellia')

山茶科　山茶科
常绿大灌木

我国云南昆明选育

喜半阴，亦耐阴；喜温暖湿润，生育适温

15～25℃；喜酸性土壤

南山茶—牡丹魂（牡丹魁）

418 *Camellia reticulata* 'Mu Dan Hun' (*C. r.* 'Prince of Peony',
C. r. 'Mudankui')

山茶科　山茶属
常绿小乔木

南山茶的栽培种

喜半阴，亦耐阴；喜温暖湿润，生育适温

15～26℃；喜酸性土壤

南山茶—银粉牡丹
Camellia reticulata 'Pink Peony'

我国云南昆明选育

喜半阴，亦耐阴；喜温暖湿润，生育适温
15～25℃；喜酸性土壤

南山茶—狮子头（九心十八瓣）
Camellia reticulata 'Shi Zi Tou'（*C. r.* 'Lion's Head'）

名贵品种，我国云南昆明选育

喜半阴，亦耐阴；喜温暖湿润，生育适温
15～25℃；喜酸性土壤

云
南
名
特
植
物

南山茶—睡美人	山茶科	山茶属
Camellia reticulata 'Shui Meiren'	常绿灌木至小乔木	

421

我国云南昆明选育
喜半阴，亦耐阴；喜温暖湿润，生育适温
15～25℃；喜酸性土壤

南山茶—雪娇	山茶科	山茶属
Camellia reticulata 'Snow Pretty'	常绿大灌木	

422

我国云南育成
喜半阴，亦耐阴；喜温暖湿润，生育适温
15～25℃；喜酸性土壤

南山茶—松子鳞
Camellia reticulata 'Song Zi Lin' (*C. r.* 'Pine Cone Scale')

山茶科	山茶属
常绿大灌木	

我国云南昆明选育

喜半阴，亦耐阴；喜温暖湿润，生育适温
15～25℃；喜酸性土壤

南山茶—赛芙蓉
Camellia reticulata 'Superior Hibiscus'

山茶科	山茶属
常绿灌木	

我国云南育成

喜半阴，亦耐阴；喜温暖湿润

425	**南山茶—赛桃红** *Camellia reticulata* 'Sai Tao Hong' (*C. r.* 'Saitaohong', *C. r.*'Super Crimson')	山茶科	山茶属
		常绿灌木	

我国云南育成
喜半阴，亦耐阴；喜温暖湿润

426	**南山茶—童子面** *Camellia reticulata* 'Tong Zi Mian'(C. r. 'Baby Face')	山茶科	山茶属
		常绿灌木	

我国云南大理培育

| 427 | 南山茶—迎春红 | 山茶科 | 山茶属 |
| | *Camellia reticulata* 'Welcoming Spring' | 常绿小乔木 | |

我国云南昆明选育

喜半阴，亦耐阴；喜温暖湿润，生育适温
15～25℃；喜酸性土壤

| 428 | 南山茶—小桂叶 | 山茶科 | 山茶属 |
| | *Camellia reticulata* 'Xiao Gui Ye' | 常绿大灌木 | |

我国云南昆明选育

喜半阴，亦耐阴；喜温暖湿润，生育适温
15～26℃；喜酸性土壤

南山茶—小叶牡丹

429

Camellia reticulata 'Xiaoye Mudan'

山茶科	山茶属
常绿灌木	

我国云南昆明选育

喜半阴，亦耐阴；喜温暖湿润，生育适温
15～25℃；喜酸性土壤

南山茶—小银红

430

Camellia reticulata 'Xiao Yin Hong' (*C. r.* 'Small Pink')

山茶科	山茶属
常绿大灌木	

我国云南昆明选育

喜半阴，亦耐阴；喜温暖湿润，生育适温
15～25℃；喜酸性土壤

431	南山茶——一品红 *Camellia reticulata* 'Yipin Hong' (*C. r.* ' First Class Crimson')	山茶科	山茶属
		常绿灌木	

栽培品种

喜半阴，亦耐阴；喜温暖湿润，生育适温
15～25℃；喜酸性土壤

432	南山茶—早牡丹 *Camellia reticulata* 'Zao Mu Dan'	山茶科	山茶属
		常绿大灌木	

栽培品种

喜半阴，亦耐阴；喜温暖湿润，生育适温
15～25℃；喜酸性土壤

433 南山茶—早桃红

Camellia reticulata 'Zao Tao Hong' (*C. r.* 'Early Crimson')

山茶科　山茶属

常绿灌木

我国云南昆明选育

喜半阴，亦耐阴；喜温暖湿润，生育适温15～25℃；喜酸性土壤

昆明黑龙公园明代茶花

434 南山茶—泽河

Camellia reticulata 'Zehe'

山茶科　山茶属

常绿大灌木

我国云南楚雄选育

喜半阴，亦耐阴；喜温暖湿润，生育适温
15～26℃；喜酸性土壤

云南山茶—张家茶
Camellia reticulata 'Zhang Jia Cha'

山茶科　山茶属

常绿大灌木

我国昆明选育

喜半阴，亦耐阴；喜温暖湿润，生育适温
15~27℃；喜酸性土壤

南山茶—紫袍
Camellia reticulata 'Zi Pao' (*C. r.* 'Purple Gown')

山茶科　山茶属

常绿大灌木

我国昆明选育

喜半阴，亦耐阴；喜温暖湿润，生育适温
15~25℃；喜酸性土壤

437 卷丹（南京百合、虎皮百合）

Lilium lancifolium (L. tigrinum)

百合科　　百合属

球根花卉

原产中国、日本、韩国

喜光，耐半阴；喜冷凉，生育适温15～20℃

438 紫花百合

Lilium souliei

百合科　　百合属

球根花卉

产我国云南西北部

喜光，耐半阴；喜冷凉

439	**大理百合** *Lilium taliense (L. feddei)*	百合科	百合属
		球根花卉	

产我国云南、四川
喜光，耐半阴；喜冷凉

440	**滇藏木兰** *Magnolia campbellii*	木兰科	木兰属
		落叶乔木	

产我国云南西北部及西藏东南部
喜光，亦耐半阴；喜凉爽湿润

441　山玉兰（优昙花、云南玉兰）

Magnolia delavayi

木兰科	木兰属
常绿乔木	

产我国云南、贵州、四川

喜光，稍耐阴；喜温暖湿润，生育适温15～25℃；耐旱

昆明县华寺古山玉兰

442　红花山玉兰

Magnolia delavayi f. *rubiflora*（*M. d.* f. *rubra*, *M. d.* 'Red Flower'）

木兰科	木兰属
常绿乔木	

产我国云南中部

喜光，稍耐阴；喜温暖湿润，生育适温15～25℃；
耐旱

443	**馨香木兰**	木兰科	木兰属
	Magnolia odoratissima	落叶乔木	

产我国云南西北部

喜光，亦耐半阴；喜凉爽湿润

444	**西康木兰**（天女花、龙女花、小花玉兰）	木兰科	木兰属
	Magnolia wilsonii（*M. parviflora, M. sieboldii*）	落叶小乔木	

产我国云南、四川

喜光，稍耐阴；喜温凉；喜酸性土壤

445 **南亚含笑**（宽瓣含笑）   木兰科 含笑属
Michelia doltsopa (M. excelsa)   常绿乔木

产我国云南、西藏
喜光，亦耐阴；喜温暖湿润；耐旱；喜酸性土

446 **云南含笑**（皮袋香）   木兰科 含笑属
Michelia yunnanensis (M. dandyi)   常绿灌木

产我国云南
喜光；喜温暖湿润，生育适温16～28℃；喜酸
性土壤

绿绒蒿种群

Meconopsis spp.

罂粟科	绿绒蒿属
宿根草本	

产我国云南等地

喜光；喜冷凉湿润

川西绿绒蒿 *M. henrici*

多刺绿绒蒿 *M. horridula*

总状绿绒蒿 *M. horridula* var. *racemosa*

全缘叶绿绒蒿 *M. intergrifolia*

红花绿绒蒿 *M. puncenia*

美丽绿绒蒿 *M. speciosa*

453 迷人杜鹃（水红杜鹃）
Rhododendron agastum

杜鹃花科　杜鹃花属
常绿灌木

产我国云南
喜光，耐半阴；喜温暖湿润

454 团花杜鹃
Rhododendron anthosphaerum

杜鹃花科　杜鹃花属
常绿灌木或小乔木

产我国云南西部、西北部
喜光，亦耐阴；喜温暖湿润

183

455	纯黄杜鹃	杜鹃花科	杜鹃花属
	Rhododendron chrysodoron	常绿灌木	

产我国云南
喜半阴，喜温暖湿润

456	大白花杜鹃	杜鹃花科	杜鹃花属
	Rhododendron decorum	常绿灌木至小乔木	

产我国云南多地，四川、贵州、西藏有分布
喜光，亦耐半阴；喜温暖湿润；喜微酸性土壤

457	**高尚杜鹃**	杜鹃花科 杜鹃花属
	Rhododendron decorum ssp. *diaprepes* (*Rh. d.*)	常绿灌木至小乔木

原种产我国云南

喜光，亦耐半阴；喜温暖湿润；喜微酸性土壤

458	**粉马樱花**（粉马樱杜鹃）	杜鹃花科 杜鹃花属
	Rhododendron delavayi f.	常绿灌木至小乔木

产我国云南，全省广布，贵州西部有分布

喜光，亦耐阴；喜温暖；耐旱；喜酸性土壤

马缨花（马缨杜鹃、马鼻樱）

Rhododendron delavayi

杜鹃花科　　杜鹃花属

常绿灌木至小乔木

产我国云南，全省广布，贵州西部有分布

喜光，亦耐阴；喜温暖；耐旱；喜酸性土壤

云南名特植物

460 露珠杜鹃（黄花杜鹃）
Rhododendron irroratum (Rh. i. ssp. i.)

产我国云南多地，四川西南部有分布
喜光；喜温暖湿润；喜酸性土壤

461 高原杜鹃
Rhododendron lapponicum

产我国云南西北部
喜光；喜冷凉湿润，耐寒

| 462 | **苍山杜鹃**
Rhododendron pholidotum | 杜鹃花科 | 杜鹃花属 |
| | | 常绿灌木 | |

产我国云南西部

喜光，耐半阴；喜温暖湿润

| 463 | **锈叶杜鹃**（小白花）
Rhododendron siderophyllum | 杜鹃花科 | 杜鹃花属 |
| | | 常绿灌木 | |

产我国云南滇中高原

喜半日照，亦耐阴；喜温暖湿润

464 碎米杜鹃（碎米花）
Rhododendron spiciferum

杜鹃花科　　杜鹃花属
常绿小灌木

产我国云南

喜光，亦耐阴；喜温暖湿润；耐干旱瘠薄；
喜微酸性土壤

465 爆仗杜鹃（炮仗花、密桶花）
Rhododendron spinuliferum

杜鹃花科　　杜鹃花属
常绿灌木

产我国云南

喜光，亦耐阴；喜温暖湿润；耐干旱瘠薄；喜
微酸性土壤

466	**川滇杜鹃** *Rhododendron traillianum*	杜鹃花科	杜鹃花属
		常绿灌木至小乔木	

产我国云南西北

喜光，亦耐半阴；喜冷凉至温暖湿润

467	**云南杜鹃** *Rhododendron yunnanense*	杜鹃花科	杜鹃花属
		常绿、半常绿灌木	

产我国云南，四川、贵州有分布

喜光，亦耐半阴；喜冷凉至温暖；耐干旱瘠薄；喜酸性土壤

杜鹃种群
Rhododendron spp.

468~473

杜鹃花科	杜鹃花属
半常绿灌木	

产我国云南
喜光，亦耐阴；喜温暖湿润；耐干旱瘠薄；
喜微酸性土壤

桃叶杜鹃 *Rh. annae*

窄叶杜鹃 *Rh. araiophyllum*

银叶杜鹃 *Rh. argyrophyllum*

睫毛杜鹃 *Rh. ciliicalys*

滇南杜鹃 *Rh. hancockii*

黄花杜鹃 *Rh. lutescense*

宽花龙胆
Gentiana ampla

474

龙胆科	龙胆属
多年生草本	

产我国云南西北及四川西南部
喜光；喜冷凉；耐干旱瘠薄

475　蓝玉簪龙胆
Gentiana veitchiorum

龙胆科	龙胆属
多年生草本	

产我国云南、四川、西藏等省区
喜光；喜冷凉；耐旱，耐瘠薄

476　橘红灯台报春（橘红报春）
Primula bulleyana

报春花科	报春花属
宿根花卉	

产我国云南西北部，四川西南部
喜向阳湿地；喜冷凉

477 **四季报春**（鲜荷报春花、四季樱草、仙鹤莲、鄂报春） 报春花科　报春花属

Primula obconica（*P. variabilis*） 宿根花卉

原产我国西南

喜半日照；喜冷凉至温暖，生育适温15～20℃，越冬5℃以上；忌干燥

478 **海仙报春**（海仙花） 报春花科　报春花属

Primula poissonii 宿根花卉

产我国云南西北部

喜向阳湿地；喜冷凉

479 偏花报春
Primula secundiflora

报春花科　　报春花属

宿根花卉

产我国云南、四川、西藏和青海
喜光；喜冷凉；喜潮湿

480 钟花报春（锡金报春）
Primula sikkimensis

报春花科　　报春花属

宿根花卉

产我国云南西北部、四川、西藏
喜向阳湿地；喜冷凉

481 毛叶澜沧独花报春
Primula souliei var. *pubescens*

报春花科　独花报春属
多年生草本

产我国云南西北部
喜光；喜冷凉湿润

482 高山报春
Primula sp.

报春花科　报春花属
宿根花卉

产我国云南西部
喜向阳湿润；喜冷凉

插图：苗寨村渔（竹艺）

195

高原报春

Primula zambalensis

报春花科　报春花属

宿根花卉

我国特有，分布于云南西北部

喜向阳湿润；喜冷凉

彩色独占春（彩色蝴蝶兰）

Cymbidium eburneum 'Variegatum'

兰科　兰属

附生兰

产我国云南

喜半阴；喜温暖湿润，生育适温10～26℃，稍耐寒

建兰（秋蕙、秋兰、四季兰）

Cymbidium ensifolium

兰科　　兰属

地生兰

原产我国长江流域及西南各省，东南亚有分布

耐半阴；喜温暖湿润，生育适温10～26℃；不耐旱

486	**小虎头兰**（长叶兰）	兰科	兰属
	Cymbidium erythraeum	附生兰	

产我国云南

喜半阴；喜温暖湿润，生育适温18～26℃；忌积水

487	**蕙兰**（夏蕙、夏兰、火烧兰）	兰科	兰属
	Cymbidium faberi	地生兰	

原产我国长江流域及西南各省区

耐半阴；喜温暖湿润，生育适温10～26℃；不耐旱

488

虎头兰（青蝉兰）
Cymbidium hookerianum (*C. grandiflorum*)

兰科	兰属
附生兰	

原产我国长江流域及西南各省区
耐半阴；喜温暖湿润；不耐旱，忌积水

489

碧玉兰（红唇虎头兰）
Cymbidium hookerianum var. *lowianum* (*C. l*)

兰科	兰属
附生兰	

产我国云南
喜半阴；喜温暖湿润；忌干旱，忌水湿

莲瓣兰
Cymbidium lianpan

兰科　　兰属

地生兰

产我国云南

喜半阴；喜温暖湿润，生育适温10～26℃

491	**金黄连瓣兰**（金黄素、赤金素） *Cymbidium lianpan* 'Aureolum' (*C. eusifolium* 'Chijinsu')	兰科	兰属
		地生兰	

原种产亚洲热带

喜光；喜凉爽，生长适温10～30℃

492	**通海剑兰** *Cymbidium longibracteatum* var. *tonhaise*	兰科	兰属
		地生兰	

产我国云南南部

喜半阴；喜温暖湿润，不耐寒，不耐旱

插图：京剧脸谱装饰

493	邱北冬蕙兰（紫秀）	兰科	兰属
	Cymbidium quibeiense	地生兰	

产我国云南西南部，以丘北县为盛

喜半阴；喜温暖湿润，生育适温18～28℃，不耐寒，不耐旱

494	西藏虎头兰（西南虎头兰）	兰科	兰属
	Cymbidium tracyanum	附生兰	

产我国云南、四川、西藏

喜半阴；喜温暖湿润，生育适温10～26℃，耐寒；忌积水

文山红柱兰 495

Cymbidium wenshanense

兰科　兰属

地生兰

产我国云南文山县

喜半阴；喜温暖湿润，生育适温18～26℃；不耐旱

杓兰种群 496~499

Cypripedium spp.

兰科　杓兰属

地生兰

产我国云南

喜半阴；喜冷凉湿润

黄花杓兰 *C. flavum*　紫点杓兰 *C. guttatum*

丽江杓兰 *C. lichiangense*　西藏杓兰 *C. tibeticum*

兜兰种群
Paphiopedilum spp.

兰科　兜兰属

地生兰

产我国云南

喜半阴；喜温暖至高温，喜湿润，忌积水

杏黄兜兰（金兜、金童、金拖鞋、金挂鞋兰）*P. armeniacum*

长瓣兜兰（飘带兜兰）*P. dianthum*

亨利兜兰 *P. henryanum*

麻栗坡兜兰（王女、麻栗坡拖鞋兰）*P. malipoense*

飘带兜兰 *P. parishii*

紫纹兜兰 *P. purpuratum*

紫毛兜兰（拖鞋兰）*P. villosum*

狭叶紫毛兜兰 *P. villosum. var. annamense*

彩云兜兰（彩云拖鞋兰）*P. wardii*

509

黄花独蒜兰
Pleione forrestii

兰科　　独蒜兰属

附生兰

产滇西北

喜光，亦耐半阴；喜冷凉湿润

510	**高山紫菀**（纽约紫菀、柳叶菊） *Aster alpinus（A. yunnaensis）*	菊科	紫菀属
		多年生草本	

产我国云南

喜光，喜冷凉至温暖湿润

511	**云南紫菀** *Aster yunnanensis*	菊科	紫菀属
		多年生草本	

产我国云南中部、西北部

喜光；喜温暖；耐旱

512 **花锚龙胆**（椭圆叶花锚）
Halenia elliptica

龙胆科　　花锚属
多年生草本

产我国西南
耐阴；喜冷凉湿润

513 **管花马先蒿**
Pedicularis siphonantha

玄参科　　马先蒿属
一年生花卉

我国特有，集中产云南西北部
喜光；喜湿；喜冷凉

| 514 | 水母雪莲（水母雪兔子） | 菊科 | 凤毛菊属 |
| | *Saussurea dedusa* (*S. medusa*) | 多年生草本 | |

产我国云南西北部
喜光，亦耐阴；喜冷凉；耐旱

| 515 | 桃儿七 | 小檗科 | 桃儿七属 |
| | *Sinopodophyllum hexandrum* | 多年生草本 | |

产我国云南西北部
喜光，亦耐阴，喜冷凉湿润

| 516 | 瑞香狼毒 | 瑞香科 | 狼毒属 |
| | *Stellera chamaejasme* | 多年生草本 | |

产我国西北、东北、华北
和西南部，朝鲜、韩国、
俄罗斯有分布
喜光；喜冷凉；喜干燥瘠
薄；喜碱性土

云南金莲花
Trollius yunnanensis

毛茛科　　金莲花属
多年生草本

产我国云南西部、四川西部
喜光，耐半阴；喜冷凉湿润

云南名特植物

短柱侧金盏花（毛茛科侧 金盏花属）*Adonis brevistyla*　　山生福禄草（石竹科 无心菜属）*Arenaria oreophila*

硬枝点地梅（报春花科 点地梅属）*Androsace rigida*　　景天点地梅（报春花科 点地梅属）*Androsace bulleyana*

甘川铁线莲（毛茛科 铁线莲属）*Clematis akebioides*　　银叶铁线莲（毛茛科 铁线莲属）*Clematis delavayi*

红花岩梅（岩梅科 岩梅属）*Diapensia purpurea*　　大花角蒿（紫葳科 角蒿属）*Incarvillea mairei* var. *grandiflora*

大钟花（龙胆科 大金中花属）*Megacodon stylophorus*

滇蜀豹子花（百合科 豹子花属）
Nomocharis forrestii

管花木樨（木樨科 木樨属）*Osmanthus delavayi*

拟耧斗菜（毛茛科 拟耧斗菜属）*Paraquilegia microphylla*

紫花黄华（蝶形花科 野决明属）
Thermopsis barbata

| 531 | 干香柏（冲天柏） | 柏科 | 柏木属 |
| | *Cupressus duclouxiana* | 常绿乔木 | |

我国特有，产云南、西藏

喜光；喜冬季干旱而无严寒，夏季多雨而无酷热；喜钙

| 532 | 云南油杉 | 松科 | 油杉属 |
| | *Keteleeria evelyniana* | 常绿乔木 | |

我国特有，产云南、贵州、四川

喜光；喜温暖；喜干湿分明，耐旱

533 蓑衣油杉（蓑衣龙树）

Keteleeria evelyniana var. pendula

松科	油杉属
常绿乔木	

我国特有，产云南
喜光；喜温暖；喜干湿分明，耐旱

534 云南铁杉

Tsuga dumosa

松科	铁杉属
常绿乔木	

产我国西藏、云南、四川
强阳性；喜冷凉多雨；喜酸性土壤

535	**云南松**（飞松、青松） *Pinus yunnanensis*	松科	松属
		常绿乔木	

产我国云南
喜光；喜温暖湿润，亦耐干旱瘠薄

536	**罗浮槭**（红翅槭） *Acer fabri*	槭树科	槭树属
		常绿乔木	

产我国华中、华南、西南
喜光；喜温暖湿润

537 金江槭（川滇三角枫）
Acer paxii

槭树科　槭树属　常绿乔木

原产我国西南金沙江流域及滇西北

喜光，耐半阴；喜温暖至高温；耐旱，耐水湿；喜微酸性土壤

538 云南金钱槭
Dipteronia dyeriana

槭树科　金钱槭属　落叶乔木

我国云南特有珍稀树种

喜光；喜暖热

539	**滇楸**	紫葳科	梓树属
	Catalpa fargesii f. *duclouxii* (*C. d.*)	落叶乔木	

产我国云南

喜光；喜凉爽湿润；耐干旱瘠薄

540	**滇朴**（四蕊朴、昆明朴）	榆科	朴属
	Celtis tetrandra (*C. kunmingensis, C. yunnanensis*)	落叶大乔木	

产我国云南

喜光；喜温暖，生育适温15～25℃；耐水湿，耐干旱瘠薄

541　冬樱花

薔薇科　　樱属

Cerasus cerasoides var. *majestica* (*Prunus c.* var. *m.*)

半落叶乔木

产我国云南

喜光；喜温暖，生育适温10~22℃

542　云南樱花

薔薇科　　樱属

Cerasus cerasoides var. *ruber* (*Prunus yunnanensis*)

落叶乔木

产我国云南

喜光；喜温暖湿润，生育适温10~22℃；不耐旱

543	**云南紫荆**（湖北紫荆）	苏木科	紫荆属
	Cercis glabra (*C. yunnanensis*)	落叶乔木	

产我国西南、华中、华东

喜光，稍耐阴；喜温暖；耐旱；喜石灰质土壤

544	**滇榛**	榛科	榛属
	Corylus yunnanensis	落叶灌木或小乔木	

产我国云南西部、西北部

喜光；喜冷凉至温暖；耐旱

545 云南樟
Cinnamomum glanduliferum

樟科	樟属
常绿乔木	

产我国云南、贵州、四川及西藏
喜光，稍耐阴；喜温暖湿润，生育适温15～27℃

546 滇青冈
Cyclobalanopsis glaucoides (*Quercus schottkyana*)

壳斗科	青冈属
常绿乔木	

主产我国西南石灰岩地区
喜光，较耐阴；喜温暖；喜钙质土

头状四照花（鸡嗉子）

Dendrobenthamia capitata（*Cornus c.*）

山茱萸科　四照花属

常绿乔木或灌木

产我国云南

喜光，稍耐阴；喜温暖湿润；耐干旱瘠薄

紫花溲疏

Deutzia purpurascens

山梅花科　溲疏属

落叶灌木

我国云南特有

喜光，稍耐阴；喜温暖湿润，生育适温15~26℃

云南名特植物

549　云南双盾木
Dipelta yunnanensis

忍冬科　双盾果属

落叶灌木

我国特有，产我国云南西部、西北部
喜光，稍耐阴；喜温暖湿润；喜酸性土壤

550　滇厚壳树（山楸木、西南厚壳树、西南粗糠树）
Ehretia corylifolia

厚壳树科　厚壳树属

落叶乔木

产我国云南
喜光；喜温暖湿润；喜微酸性土壤；耐干旱瘠薄

551	**大青树**（虎克榕） *Ficus hookeriana* (*F. hookeri*)	桑科	榕属
		常绿乔木	

产我国云南西部及南部

喜光, 稍耐阴; 喜温暖湿润; 耐旱

552	**云南梧桐** *Firmiana major*	梧桐科	梧桐属
		落叶乔木	

产我国云南南部及西部

喜光; 喜温暖湿润; 不耐寒

553	**滇皂荚**（云南皂角） *Gleditsia delavayi* (*G. japonica* var. *d.*)	苏木科	皂荚属
		落叶乔木	

我国云南特有

喜光；喜温暖；喜微酸性土壤

554	**野八角**（云南皂角） *Illicium simonsii* (*I. yunnanensis*)	八角科	八角属
		常绿小乔木	

产我国云南

喜光，亦耐阴；喜温暖湿润

| 555 | 滇鼠刺
Itea yunnanensis | 鼠刺科 | 鼠刺属 |
| | | 常绿小乔木 | |

产我国云南、广西、贵州、四川

喜光，耐半阴；喜温暖湿润，生育适温15～25℃

| 556 | 复羽叶栾树（风吹果）
Koelreuteria bipinnata | 无患子科 | 栾树属 |
| | | 落叶乔木 | |

产我国中南及西南

喜光；喜温暖，生育适温15～25℃；耐旱

557 **滇石栎**（猪栎）
Lithocarpus dealbatus (Quercus d., Pasania yenshanensis, Qu. a.var. a.)

壳斗科　石栎属
常绿乔木

分布于我国云南、贵州、四川
喜光；喜温暖湿润

558 **白滇丁香**（白花滇丁香）
Luculia alba

茜草科　滇丁香属
常绿或半常绿灌木

产我国云南西部
喜光；喜温暖湿润，畏寒，忌霜；喜酸性土壤

559 馥郁滇丁香
Luculia gratissima

茜草科　滇丁香属
常绿或半常绿小乔木

原产我国华南及台湾，东南亚各地有分布
喜光；喜温暖湿润，畏寒，忌霜；喜酸性土壤

560 滇丁香（中型滇丁香，云南丁香）
Luculia intermedia (*L. pinciana, L. p.* var. *p.*)

茜草科　滇丁香属
常绿或半常绿灌木

产我国云南西部
喜光，亦耐阴；喜温暖湿润；喜酸性土壤

561 滇润楠
Machilus yunnanensis

樟科　润楠属
常绿乔木

产我国云南、四川
喜光；喜温暖湿润，生育适温18~28℃；喜酸性土

562 丽江山荆子
Malus rockii

蔷薇科　苹果属
落叶小乔木

产我国云南西北部，四川、西藏有分布
喜光；喜冷凉湿润，不耐旱

563 **大叶毛木莲**（大叶木莲）
Manglietia megaphylla

木兰科　木莲属

落叶乔木

产我国滇南文山

喜光，亦耐半阴；喜温暖多湿

564 **滇杨梅**（矮杨梅）
Myrica nana

杨梅科　杨梅属

常绿灌木

产我国西南、华中、华东地区

喜光，稍耐阴；喜温暖湿润；耐旱；喜微酸性土壤

565 云南拟单性木兰

Parakmeria yunnanensis

木兰科　拟单性木兰属

常绿乔木

产我国云南西畴县

喜光，稍耐阴；喜温暖湿润，不耐寒；不耐干旱瘠薄

566 云南楠木（滇楠）

Phoebe nanmu

樟科　楠木属

常绿乔木

产我国云南、西藏

喜光；喜温暖湿润

特色乡土树种

567	**富民枳** *Poncirus polyandra*	芸香科	枳属
		落叶灌木或小乔木	

我国云南特有

喜光; 喜温暖湿润; 喜微酸性土壤

568	**云南波罗栎**（云南柞栎） *Quercus dentata* var. *oxyloba* (*Qu. dentatoides*)	壳斗科	栎属
		落叶乔木	

产我国云南中部、西北部

喜光，稍耐阴; 耐寒，耐干旱瘠薄

569 滇南红花荷

Rhodoleia henryi (*R. macrocarpa*)

金缕梅科　红花荷属

常绿乔木

产我国云南南部

喜光，耐半阴；喜暖热湿润，生育适温20~28℃，越冬10℃以上；耐干旱瘠薄；喜酸性土壤

570 小花红花荷

Rhodoleia parvipetala

金缕梅科　红花荷属

常绿小乔木

产我国云南南部

喜光，耐半阴；喜暖热湿润，生育适温20~28℃，越冬10℃以上；耐干旱瘠薄；喜酸性土壤

571	**褐毛花楸** *Sorbus ochracea (S. rubiginosa, Eriobotrya o.)*	蔷薇科	花楸属
		落叶乔木	

产我国云南中部、西部至南部
喜光；喜温暖湿润

572	**毛叶丁香**（云南丁香） *Syringa yunnanensis*	木樨科	丁香属
		半常绿灌木	

产我国云南
喜光；喜温暖湿润

云南石笔木
Tutcheria sophiae (Camellia s.)

山茶科　　石笔木属
常绿灌木或小乔木

我国云南特产
喜半日照；喜温暖；喜湿润；耐干旱瘠薄；喜微酸性土壤

插图：香港迪士尼公园一角

拉丁名索引

A

Acer fabri   214

Acer paxii   215

Aconitum carmichaeli   121

Adonis brevistyla   210

Aesculus chinensis   6

Aesculus lantsangensis   6

Aesculus parviflora   7

Aesculus rubicunda   7

Aesculus sp.   8

Albizzia julibrissin   108

Althaea rosea Group   106

Amygdalus persica   77

Amygdalus triloba   107

Androsace bulleyana   210

Androsace rigida   210

Annamocarya sinensis   63

Anthurium cultivar Group   28

Araucaria heterophylla   2

Areca catechu   147

Arenaria oreophila   210

Armeniaca mume   77

Armeniaca mume Group   78-79

Armeniaca vulgaris   107

Aster alpinus   206

Aster yunnanensis   206

Astilbe chinensis   122

B

Banksia integrifolia   28

Barringtonia acutangula   18

Barringtonia asiatica   19

Barringtonia coccinea   19

Bauhinia acuminata   122

Bauhinia blakeana   123

Bauhinia monandra   123

Bauhinia purpurea   124

Bauhinia tomentosa   124

Bauhinia yunnanensis   125

Bixa orellana   157

Blossfeldia liliputana   27

Boombax ceiba   105

Borassus flabellifera   147

Brainia insignis   63

C

Callistephus chinensis   125

Calocedrus macrolepis   64

Camellia chrysantha   49

Camellia impressinervis   64

Camellia japonica   79

Camellia reticulata   65

Camellia reticulata Group   159-176

Campsis grandiflora   109

Caryota urens   65

Catalpa fargesii f. *duclouxii*   216

Cathaya argyrophylla   49

Cattleya Group   29-30

Cedrus atlantica f. *glauca*   2

Cedrus deodara   3

Cedrus deodara 'Pendula'   3

Celtis tetrandra   216

Cerasus cerasoides var. *majestica*   217

Cerasus cerasoides var. *rubea*   217

Cerasus serrulata   126

Cercis chinensis   109

Cercis glabra   218

Chaenomeles speciosa   126

Chamaecyparis formosensis   25

Chimonanthus praecox   80

Chionanthus retusus   128

Cinnamomum glanduliferum   219

Clematis akebioides   210

Clematis delavayi   210

Clematis hybrida   127

Coco nucifera   146

Corylus chinensis   69

Corylus yunnanensis   218

Corypha elata   150

Corypha umbraculifera   149

Cotoneaster coriaceus   128

Cotoneaster horizontalis   129

Cotoneaster microphyllus   129

Cotoneaster salicifolius   130

Cotoneaster 'Variegalus'   131

Crinum album   151

Crinum amabile   151

Crinum asiaticum var. sinicum   152

Cupressus duclouxiana   212

Cupressus gigantea   25

Cyathea spinulosa   58

Cycas guizhouensis   58

Cycas panzhihuaensis   59

Cycas pectinata   59

Cycas revoluta   60

Cyclobalanopsis glaucoides   219

Cymbidium eburneum 'Variegatum'   196

Cymbidium ensifolium   197

Cymbidium erythraeum   198

Cymbidium faberi   198

Cymbidium hookerianum   199

Cymbidium hookerianum var. lowianum   199

Cymbidium lianpan   200

Cymbidium lianpan 'Aureolum'   201

Cymbidium longibracteatum var. tonhaise   201

Cymbidium 'Peng zhou'   80

Cymbidium quibeiense   202

Cymbidium tracyanum   202

Cymbidium wenshanense   203

Cypripedium spp.   203

D

Davidia involucrata   53

Delphinium grandiflorum   131

Dendranthema Group   29、81-85

Dendrobenthamia capitata   220

Dendrobium hybridum   31

Deutzia purpurascens   220

Deutzia scabra   132

Dianthus caryophyllus   32

Dianthus chinensis   110

Diapensia purpurea   210

Dicentra spectabilis   111

Dipelta yunnanensis   221

Dipteronia dyeriana   215

Dracaena cochinchinensis   70

Dysosma versipellis   70

E

Edgeworthia chrysantha   132

Ehretia corylifolia   221

Erythrina variegata   111

Etlingera elatior   33

Etlingera elatior 'Red Flower'   33

Euonymus japonicus   20

F

Ficus religiosa   148

Ficus hookeriana   222

Firmiana major   222

Fokienia hodginsii   50

Forsythia suspensa   133

G

Gardenia jasminoides   112

Gentiana ampla   191

Gentiana veitchiorum   192

Gerbera jamesonii Group   34

Ginkgo biloba   158

Gladiolus gandavensis   35

拉丁名索引

Gleditsia delavayi   223

Glyptostrobus pensilis   66

Gunnera manicata   26

H

Halenia elliptica   207

Hedychium chrysoleucum   152

Heliconia caribae   35

Heliconia chartacea 'Sexy Pink'   36

Heliconia humilis   36

Heliconia pendula   37

Heliconia rostrata   37

Hemerocallis fulva   133

Hibiscus mutabilis   112

Hibiscus rosa-sinensis   113

Hibiscus syriacus   113

Hydrangea macrophylla   114

Hypericum chinensis   134

I

Illicium simonsii   223

Impatiens balsamina   115

Incarvillea mairei var. *grandiflora*   210

Iris tectorum   134

Itea yunnanensis   224

J

Jasminum nudiflorum   115

K

Kerria japonica   116

Keteleeria evelyniana   212

Keteleeria evelyniana var. *pendula*   213

Koelreuteria bipinnata   224

Kolkwitzia amabilis   135

L

Lagerstroemia indica   86-87

Leucadendron discolor   38

Leucospermum cordifolium   38

Lilium 'Asiatic-Hybrid' Group   88

Lilium Group   39

Lilium lancifolium   177

Lilium longiflorum   41

Lilium souliei   177

Lilium 'Star Gazer'   89

Lilium taliense   178

Lithocarpus dealbatus   225

Lonicera japonica   135

Lonicera maackii   136

Loropetalum chinense 'Rubrum'   137

Luculia alba   225

Luculia gratissima   226

Luculia intermedia   226

Lycoris radiata   138

M

Machilus yunnanensis   227

Magnolia campbellii   178

Magnolia delavayi   179

Magnolia delavayi f. *rubiflora*   179

Magnolia denudata   89

Magnolia odoratissima   180

Magnolia officinalis   66

Magnolia wilsonii   180

Mahonia bealei   138

Mahonia caelicolor   139

Mahonia flavida   139

Mahonia fortunei   140

Mahonia lomariifolia   140

Malus halliana   90

Malus halliana var. *parkmanii*   90

Malus hupehensis   91

Malus hybrida   91

Malus micromalus   92

Malus rockii   227

Malus sieboldii   92

Manglietia insignis   71

Manglietia megaphylla   228

Manglietiastrum sinicum   61

Meconopsis spp.   182

Megacodon stylophorus   211

Messerschmidia argentea   20

Mesua ferrea   158

Metasequoia glyptostroboides 50-51

Michelia champaca 153

Michelia doltsopa 181

Michelia figo 116

Michelia yunnanensis 181

Moluccella laevis 39

Musella lasiocarpa 155

Myrica nana 228

N

Nandina domestica 117

Narcissus tazetta var. *chinensis* 93

Ncuelia insignis 67

Nelumbo nucifera 154

Nelumbo nucifera Group 94

Neocheiropteris palmatopedata 71

Nomocharis forrestii 211

Nypa fruticans 21

O

Ochroma lagopus 26

Osmanthus delavayi 211

Osmanthus fragrans 93

P

Paeonia lactiflora Group 95

Paeonia lutea 72

Paeonia suffruticosa Group 96

Palashorea chinensis 61

Pandanus pygmaeus 21

Papaver rhoeas 118

Paphiopedilum armeniacum 204

Paphiopedilum dianthum 204

Paphiopedilum henryanum 204

Paphiopedilum malipoense 204

Paphiopedilum parishii 204

Paphiopedilum purpuratum 204

Paphiopedilum villosum 205

Paphiopedilum villosum var. *annamense* 205

Paphiopedilum wardii 205

Parakmeria yunnanensis 229

Paraquilegia microphylla 211

Pedicularis siphonantha 207

Phalaenopsis hybrida Group 40

Philadelphus pekinensis 141

Phoebe nanmu 229

Pinus bungeana 54

Pinus thunbergii 16

Pinus yunnanensis 214

Pisonia grandis 22

Platanus acerifolia 9

Platanus occidentalis 9

Platanus orientalis 10

Platycladus orientalis 52

Platycodon grandiflorum 141

Pleione forrestii 205

Plumeria rubra var. *acutifolia* 155

Podocarpus henkelii 16

Podocarpus imbricatus 72

Podocarpus macrophyllus 17

Podocarpus neriifolius 17

Podocarpus polystachyus 18

Pometia tomentosa 73

Poncirus polyandra 230

Pongamia pinnata 22

Primula bulleyana 192

Primula malacoides 118

Primula obconica 193

Primula poissonii 193

Primula secundiflora 194

Primula sikkimensis 194

Prinula souliei var. *pubescens* 195

Primula sp. *195*

Primula zambalensis 196

Protea cynaroides 42

Protea Group 43-44

Protea neriiflora 43

Pseudolarix kaempferi 4

Pseudotsuga sinensis 73

Punica granatum 119

Pyracantha fortuneana 142

Q

Qiongzhuea tumidinoda 74

拉丁名索引

Quercus dentata var. *oxyloba*   230

R

Rhododendron agastum   183

Rhododendron anthosphaerum   183

Rhododendron chrysodoron   184

Rhododendron decorum   184

Rhododendron decorum ssp. *diaprepes*   185

Rhododendron delavayi   186

Rhododendron delavayi f.   185

Rhododendron irroratum   187

Rhododendron lapponicum   187

Rhododendron mariesii   97

Rhododendron mucronatum 'Amethystinum'   97

Rhododendron mucronatum 'Lilacinum'   98

Rhododendron pholidotum   188

Rhododendron protistum var. *giganteum*   27

Rhododendron siderophyllum   188

Rhododendron simsii   98

Rhododendron simsii 'Mesembrinum'   99

Rhododendron simsii 'Vittatum'   99

Rhododendron spiciferum   189

Rhododendron spinuliferum   189

Rhododendron spp.   191

Rhododendron traillianum   190

Rhododendron yunnanense   190

Rhodoleia henryi   231

Rhodoleia parvipetala   231

Rhoiptelea chiliantha   67

Rosa chinensis   100

Rosa hybrida Group   45-46

Rosa multiflora   142

Rosa rugosa   103

Rosa ssp.   100-102

Rosa xanthina   143

S

Sabina gaussenii   75

Salix gracilistyla   44

Saraca cauliflora   156

Saraca dives   156

Saraca indica   157

Saussurea dedusa   208

Saussurea involucrata   68

Scaevola frutescens   23

Sciadopitys verticillata   4

Sequoia sempervirens   5

Sinojackia xylocarpa   76

Sinopodophyllum hexandrum   208

Sophora japonica   54

Sophora japonica 'Pendula'   55

Sorbaria kirilowii   143

Sorbus ochracea   232

Spiraea vanhouttei   145

Spiraea cantoniensis   144

Spiraea thunbergii   144

Stellera chamaejasme   208

Strelitzia reginae   47

Syringa oblata   103

Syringa oblata var. *alba*   104

Syringa pekinensis 'Beijing Huang'   104

Syringa velutina   105

Syringa yunnanensis   232

T

Tacca chantrieri   47

Taiwania cryptomerioides   68

Taiwania flousiana   62

Talipariti tiliaceum   23

Talipariti tiliaceum 'Tricolor'   24

Taxus chinensis   62

Terminalia catappa   24

Thermopsis barbata   211

Tilia europaea   11

Tilia chinensis   10

Tilia platyphyllus   11

Tilia tomentosa   12

Trachycarpus nanus   69

Trollius yunnanensis   209

Tsuga dumosa   213

Tulipa gesneriana Group   48

Tutcheria sophiae   233

拉丁名索引

U

Ulmus densa　12

Ulmus glabra　13

Ulmus glabra 'Exoniensis'　13

Ulmus laevis　14

Ulmus macrocarpa　14

Ulmus parvifolia　15

Ulmus pumila　15

V

Vatica astrotricha　74

Viburnum macrocephalum f. *keteleeri*　145

W

Weigela florida　121

Wisteria sinensis　120

X

Xanthoceras sorbifolia　55

Z

Zippelia begoniaefolia　76

拉
丁
名
索
引

中文名索引

A

凹脉金花茶 64

B

八角莲(唐婆) 70

白滇丁香(白花滇丁香) 225

白丁香(白花紫丁香) 104

白花文殊兰 151

白皮松(白骨松、白果松、虎皮松) 54

百合品种群 39

百日青(脉叶罗汉松) 17

报春花 118

爆仗杜鹃(炮仗花、密桶花) 189

北京黄丁香(黄丁香) 104

北美红杉(红杉、长叶世界爷) 5

贝壳花(领圈花、象耳) 39

贝叶棕(团扇葵、行李椰子) 149

碧玉兰(红唇虎头兰) 199

篦齿苏铁 59

杓兰种群 203

滨玉蕊(棋盘脚树) 19

槟榔(槟榔子、大腹子、宾门) 147

C

彩色独占春(彩色蝴蝶兰) 196

彩纹杜鹃(紫白纹杜鹃) 99

彩云兜兰(彩云拖鞋兰) 205

苍山杜鹃 188

草海桐 23

侧柏(扁柏) 52

长瓣兜兰(飘带兜兰) 204

长叶十大功劳 140

秤锤树(秤砣树、捷克木) 76

川滇杜鹃 190

垂丝海棠(海棠、海棠花) 90

垂序赫蕉(红蝎尾蕉) 37

垂叶罗汉松(长叶罗汉松) 16

垂枝雪松 3

纯黄杜鹃 184

刺桐(广东象牙红、海桐、山芙蓉) 111

翠柏(大鳞肖楠、酸柏、香翠柏、肖楠) 64

翠菊(江西蜡、七月菊、蓝菊) 125

重瓣垂丝海棠 90

D

大白花杜鹃 184

大果榆(山榆、黄榆) 14

大花翠雀(翠雀花) 131

大花角蒿 210

大理百合 178

大青树(虎克榕) 222

大树杜鹃 27

大艳红赫蕉(大赫蕉、加勒比蝎尾蕉) 35

大叶黄杨(正木、冬青卫矛) 20

大叶毛木莲(大叶木莲) 228

大叶蚁塔(根乃拉草) 26

大钟花 211

单蕊羊蹄甲 123

地涌金莲(昆明芭蕉) 155

帝王花品种群 43-44

棣棠(地棠、黄度梅、清明花) 116

滇藏木兰 178

滇丁香(中型滇丁香,云南丁香) 226

滇厚壳树(山楸木、西南厚壳树、西南粗糠树) 221

滇南红花荷 231

滇朴(四蕊朴、昆明朴) 216

滇青冈　219

滇楸　216

滇润楠　227

滇石栎(猪栎)　225

滇鼠刺　224

滇蜀豹子花　211

滇杨梅(矮杨梅)　228

滇皂荚(云南皂角)　223

滇榛　218

东方百合(葵百合)　89

冬樱花　217

董棕(孔雀椰子)　65

兜兰种群　203-204

杜鹃花(映山红、照山红、山踯躅)　98

杜鹃种群　191

短柱侧金盏花　210

多花蔷薇(野蔷薇)　142

E

二球悬铃木(英国悬铃木、英国梧桐)　9

F

非洲菊品种群(扶郎花)　34

粉瓷玫瑰(粉火炬姜、菲律宾蜡花)　33

粉马樱花(粉马樱杜鹃)　185

粉鸟赫蕉(粉鸟蝎尾蕉)　36

凤仙花(指甲花、急性子、小桃红、金凤花)　115

扶桑(朱槿、大红花)　113

福建柏　50

复羽叶栾树(风吹果)　224

富民枳　230

馥郁滇丁香　226

G

干香柏(冲天柏)　212

甘川铁线莲　210

高大贝叶棕　150

高山报春　195

高山紫菀(纽约紫菀、柳叶菊)　206

高尚杜鹃　185

高原报春　196

高原杜鹃　187

珙桐　53

关东丁香　105

管花马先蒿　207

管花木樨　211

光叶榆(欧洲榆)　13

贵州苏铁　58

桂花　93

H

海仙报春　193

含笑(香蕉含笑、香蕉花、烧酒花)　116

禾叶露兜　21

合欢(夜合树、马缨花、青裳)　108

荷包牡丹　111

荷花(莲花)　154

荷花品种群　94

褐毛花楸　232

鹤望兰(天堂鸟、极乐鸟、荷兰鸟、极乐鸟之花)　47

黑松(日本黑松)　16

亨利兜兰(麻栗坡拖鞋兰)　204

红瓷玫瑰(红玫瑰姜、红火炬姜)　33

红豆杉(红果杉)　62

红花木莲　71

红花七叶树　7

红花山玉兰　179

红花石蒜(龙爪花、蟑螂花、石蒜)　138

红花文殊兰(苏门答腊文殊兰、美丽文殊兰)　151

红花岩梅　210

红花羊蹄甲(洋紫荆、红花紫荆、兰花树、艳紫荆)　123

红花玉蕊　19

红桧　25

红檵木(红花檵木)　137

红木(胭脂木)　157

厚朴　66

厚叶枸子(尖叶枸子、钝叶枸子、云南枸子)　128

湖北海棠　91

蝴蝶兰品种群　40

虎头兰(青蝉兰)　199

花锚龙胆(椭圆叶花锚)　207

花叶黄槿　24

花叶枸子　131

中文名索引

花烛品种群　28

华北珍珠梅(珍珠梅、吉氏珍珠梅)　143

华椴(中国椴)　10

华盖木　61

华榛(鸡栗子、小白果)　69

槐树(国槐)　54

黄刺玫(黄刺莓、刺玫花)　143

黄花杓兰　202

黄花独蒜兰　205

黄花无忧花　156

黄花羊蹄甲　124

黄姜花(黄白姜花)　152

黄槿(桐花、糕仔树)　23

黄兰(黄缅桂、金玉兰)　153

黄牡丹　72

黄杉(短片花旗松)　73

喙核桃　63

蕙兰(夏蕙、夏兰、火烧兰)　198

火棘(火把果、红果、救军粮)　142

鸡蛋花(缅栀子、鸡蛋黄、大秀花)　155

鸡毛松　72

蓟花山龙眼(龙眼花、普洛帝、菩提花、巨大帕洛梯)[帝王花]　42

建兰(秋蕙、秋兰、四季兰)　197

剑叶龙血树(岩棕)　70

结香(打结花、黄瑞香、梦花、三桠)　132

金花茶　49

金黄连瓣兰(金黄素、赤金素)　201

金江槭(川滇三角枫)　215

金鸟赫蕉(金鸟蝎尾蕉金嘴赫蕉、金嘴蝎尾蕉、垂花火鸟蕉)　37

金钱松　4

金丝桃　134

金松(日本金松)　4

金银花(金银藤、忍冬)　135

金银忍冬(金银木)　136

锦带花(锦带海仙)　121

景天点地梅　210

桔梗(僧冠帽、六角荷、铃铛花、六角花、僧帽花、气球花)　141

桔红灯台报春(桔红报春)　192

菊花品种群　30

菊花品种群　29、81-85

巨柏　25

卷丹(南京百合、虎皮百合)　177

卷叶榆　13

K

卡特兰品种群　29-30

抗风桐(皮孙木树)　22

宽花龙胆　191

昆明柏(黄尖刺柏)　75

阔叶十大功劳(十大功劳、土黄柏)　138

L

蜡梅(腊梅、黄梅花、干枝梅)　80

蓝果十大功劳　139

蓝玉簪龙胆　192

榄仁树(山枇杷、法国枇杷)　24

椰榆(小叶榆、秋果榆)　15

老虎须(箭根薯、老虎花、蒟蒻薯)　47

丽江杓兰　202

丽江山荆子　227

连翘(黄寿丹、黄花杆、绥丹)　133

莲瓣兰　200

凌霄(紫葳、女葳花、堕胎花、中国凌霄、大花凌霄)　109

菱叶绣线菊(杂种绣线菊)　145

流苏(萝卜丝花、茶叶树、乌金子、炭栗木)　128

柳叶枸子(木帚子)　130

龙爪槐　55

龙棕　69

露珠杜鹃(黄花杜鹃)　187

泸菊木　67

绿萼梅　79

绿绒蒿种群　182

罗浮槭(红翅槭)　214

罗汉松　17

落新妇(南红升麻、升麻)　122

M

麻栗坡兜兰(王女、麻栗坡拖鞋兰)　204

麻叶绣线菊(麻叶绣球、粤绣线菊)　144

马蹄豆(矮白花羊蹄甲) 122
马尾树 67
马缨花(马缨杜鹃、马鼻樱) 186
满山红(山石榴、石郎头、三叶杜鹃) 97
毛叶丁香(云南丁香) 232
毛叶澜沧独花报春 195
玫瑰(徘徊花、刺玫花) 103
梅(梅花、春梅、千枝梅) 77
梅花品种群 78-79
迷人杜鹃(水红杜鹃) 183
牡丹(洛阳花、木芍药、富贵花)品种群 95
木芙蓉(芙蓉花、拒霜花) 112
木槿(朝开幕落花) 113
木棉(攀枝花、英雄树) 105

N
南山茶(云南山茶、腾冲红花油茶) 65
南山茶品种群 159-176
南天竹(天竺、夫竹子、南天竺、栏杆竹) 117
南亚含笑(宽瓣含笑) 181
拟耧斗菜 211

O
欧洲白榆(大叶榆、新疆大叶榆) 14
欧洲大叶椴(宽叶椴、夏菩提树) 11
欧洲椴 11
欧洲七叶树 7

P
攀枝花苏铁 59
偏花报春 194
飘带兜兰 204
平枝栒子(铺地蜈蚣) 129
菩提榕(思维树、圣洁之树) 148

Q
七叶树 8
七叶树(天师栗、梭椤树) 6
齐头绒 76
青梅(青皮、海梅) 74
轻木 26
筇竹(罗汉竹) 74

琼花(八仙聚会、聚八仙花、琼花荚蒾) 145
邱北冬蕙兰(紫秀) 202
全缘叶斑克木(海岸斑克木) 28

R
绒毛番龙眼(茸毛番龙眼) 73
锐玉蕊 18
瑞香狼毒 208

S
三球悬铃木(法国悬铃木、法国梧桐) 10
三叶海棠(裂叶海棠) 92
山茶(山茶花、华东山茶、耐冬、海石榴、曼陀罗) 79
山生福禄草 210
山玉兰(优昙花、云南玉兰) 179
扇蕨 71
芍药品种群 95
麝香百合(铁炮百合、复活节百合) 41
石斛兰(洋兰、秋石斛) 31
石榴(安石榴) 119
石竹(中国石竹、五彩石竹、洛阳石竹) 110
蜀葵品种群(端午锦、一丈红、熟季花、蜀季花) 106
水黄皮 22
水母雪莲 208
水杉 50-51
水松(水莲松) 66
水椰 21
四季报春(鲜荷报春花、四季樱草、仙鹤莲、鄂报春)品种群 193
松露玉 27
溲疏 132
苏铁(铁树、凤尾蕉、避火蕉、凤尾树、凤尾松) 60
苏铁蕨 63
碎米杜鹃(碎米花) 189
桫椤(树蕨) 58
蓑衣油杉(蓑衣龙树) 213

T
太平花 140
台湾杉 68
唐菖蒲(剑兰、十样锦、菖兰) 35

糖棕(扇椰子、扇叶糖棕、汎棕、扇叶树头棕) 147

桃儿七 208

桃花(果桃、毛桃.白桃) 77

天彭牡丹(彭州牡丹) 80

贴梗海棠(贴梗木瓜、皱皮木瓜、铁脚海棠、铁角梨) 126

铁力木(铁木树、铁梨木) 158

铁线莲(杰克蔓铁线莲、番莲) 127

通海剑兰 201

头状四照花(鸡嗉子) 220

秃杉 62

团花杜鹃 183

W

望天树(小叶船板树) 61

猥实 135

文冠果(文官果) 55

文山红柱兰 203

文殊兰(白花石蒜、十八学士) 152

乌头(川乌头、草乌) 121

X

西藏虎头兰(西南虎头兰) 202

西府海棠(小果海棠、重瓣粉海棠、海红、海棠花) 92

西康木兰(天女花、龙女花、小花玉兰) 180

狭叶帝王花 43

狭叶十大功劳(十大功劳、土黄柏、窄叶十大功劳) 140

狭叶紫毛兜兰 205

现代郁金香品种群(洋荷花) 48

现代月季 100-102

现代月季品种群 45-46

香石竹(康乃馨、麝香石竹) 32

小虎头兰(长叶兰) 198

小花红花荷 231

小艳红蝎蕉(艳红蝎尾蕉、小赫蕉) 36

小叶枸子(铺地蜈蚣、地锅巴、小黑牛筋) 129

新西兰七叶树 9

馨香木兰 180

杏(野杏) 107

杏黄兜兰 204

绣球花(绣球、紫阳花、八仙花、斗球) 114

锈叶杜鹃(小白花) 188

萱草(黄花、日中百合、忘忧草、忘萱草) 133

雪莲 68

雪松(喜马拉雅雪松) 3

Y

鸭脚黄莲 139

亚洲百合品种群 88

椰子(椰树、可可椰子) 146

野八角 223

一球悬铃木(美国悬铃木、美国梧桐) 9-10

异色木百合 38

异叶南洋杉(诺福克南洋杉、南洋杉) 2

银毛椴 12

银毛树 20

银杉 49

银杏(公孙树、白果、东方圣树) 158

银芽柳(棉花柳、银柳) 44

银叶铁线莲 210

银叶雪松(黎巴嫩雪松) 2

印度蓝屿罗汉松 18

印度无忧花(无忧花、无忧树、宝冠木) 157

樱花 126

迎春(迎春花、金腰带) 115

硬枝点地梅 210

榆树(白榆) 15

榆叶梅(榆梅、小桃红) 107

虞美人(蝴蝶满园春、丽春花、赛牡丹) 118

玉兰(白玉兰、木兰、玉堂春) 89

鸢尾(蓝蝴蝶、扁竹花) 134

圆冠榆 12

月季(月月红) 100

云南波罗栎(云南柞栎) 230

云南杜鹃 190

云南含笑(皮袋香) 181

云南金莲花 209

云南金钱槭 215

云南高山花卉种群 209-210

云南楠木(滇楠) 229

云南拟单性木兰 229

云南七叶树(澜沧七叶树) 6

云南石笔木　233
云南双盾木　221
云南松(飞松)　214
云南铁杉　213
云南梧桐　222
云南羊蹄甲　124
云南樱花　217
云南油杉　212
云南樟　219
云南紫荆(湖北紫荆)　218
云南紫菀　206

Z

杂交铁线莲　126
杂种海棠　91
针垫子花　38
珍珠花(喷雪花、珍珠绣线菊)　144
栀子花(黄栀子、山栀子、栀子、黄枝)　112

中国水仙(凌波仙子、雅蒜、雅葱、天葱)　93
中国无忧花(云南无忧花，火焰花)　156
钟花报春(锡金报春)　194
垂瓣垂丝海棠　90
紫点杜鹃　99
紫丁香(华北紫丁香、丁香)　103
紫花百合　177
紫花黄华　211
紫花溲疏　220
紫花羊蹄甲(羊蹄甲)　124
紫堇毛杜鹃　98
紫荆(满条红、紫珠、光棍树)　109
紫毛兜兰(拖鞋兰)　205
紫水晶毛白杜鹃　97
紫藤(藤萝、藤花、朱藤)　120
紫薇(痒痒树、百日红、光皮树)　86-87
紫纹兜兰　204

科属索引

A

安石榴科　石榴属　119

B

八角科　八角属　223

芭蕉科　地涌金莲属　155

百合科　百合属　39、41、88-89、177-178

百合科　豹子花属　211

百合科　萱草属　133

百合科　郁金香属　48

柏科　柏木属　25、212

柏科　扁柏属　25

柏科　侧柏属　52

柏科　翠柏属　64

柏科　福建柏属　50

柏科　圆柏属　75

报春花科　报春花属　118、192-196

报春花科　点地梅属　210

C

草海桐科　草海桐属　23

唇形科　兔唇花属　39

D

蝶形花科　刺桐属　111

蝶形花科　槐属　54-55

蝶形花科　水黄皮属　22

蝶形花科　野决明属　211

蝶形花科　紫藤属　120

杜鹃花科　杜鹃花属　27、97-99、183-191

椴树科　椴树属　10-12

F

凤仙花科　凤仙花属　115

G

珙桐科　珙桐属　53

鬼臼科　八角莲属　70

H

含羞草科　合欢属　108

禾本科竹亚科　箣竹属　74

荷包牡丹科　荷包牡丹属　111

红豆杉科　红豆杉属　62

红木科　红木属　157

厚壳树科　厚壳树属　221

胡椒科　齐头绒属　76

胡桃科　喙核桃属　63

虎耳草科　落新妇属　121

J

夹竹桃科　鸡蛋花属　155

箭根薯科　箭根薯属　47

姜科　火炬姜属　33

姜科　姜花属　152

金缕梅科　红花荷属　231

金缕梅科　檵木属　137

金丝桃科　金丝桃属　134

金松科　金松属　4

锦葵科　丽葵属　23-24

锦葵科　木槿属　112-113

锦葵科　蜀葵属　106

桔梗科　桔梗属　141

菊科　翠菊属　125
菊科　非洲菊属　34
菊科　风毛菊属　68、208
菊科　菊属　29、81-85
菊科　栌菊木属　67
菊科　紫菀属　206

K

壳斗科　栎属　230
壳斗科　青冈属　219
壳斗科　石栎属　225

L

蜡梅科　蜡梅属　80
兰科　兜兰属　204-205
兰科　独蒜兰属　205
兰科　蝴蝶兰属　40
兰科　卡特兰属　29-30
兰科　兰属　80、196-203
兰科　石斛属　31
莲科　莲属　94、154
龙胆科　大钟花属　211
龙胆科　花锚属　207
龙胆科　龙胆属　191-192
龙脑香科　柳安属　61
龙脑香科　青梅属　74
龙舌兰科　龙血树属　70
露兜树科　露兜树属　21
旅人蕉科　鹤望兰属　47
罗汉松科　罗汉松属　16-18、72

M

马尾树科　马尾树属　67
毛茛科　侧金盏花属　210
毛茛科　金莲花属　209
毛茛科　拟耧斗菜属　211
毛茛科　铁线莲属　127、210
毛茛科　乌头属　121
毛茛科　翠雀属　131
木兰科　含笑属　116、153、181
木兰科　华盖木属　61

木兰科　木兰属　66、89、178-180
木兰科　木莲属　71、228
木兰科　拟单性木兰属　229
木棉科　木棉属　105
木棉科　轻木属　26
木樨科　丁香属　103-105、232
木樨科　连翘属　133
木樨科　流苏属　128
木樨科　茉莉属　115
木樨科　木樨属　93、211

N

南天竹科　南天竹属　117
南洋杉科　南洋杉属　2

Q

七叶树科　七叶树属　6-9
槭树科　金钱槭属　215
槭树科　槭树属　214-215
千屈菜科　紫薇属　86-87
茜草科　滇丁香属　225-226
茜草科　栀子花属　112
蔷薇科　棣棠属　116
蔷薇科　花楸属　232
蔷薇科　火棘属　142
蔷薇科　木瓜属　126
蔷薇科　苹果属　90-92、227
蔷薇科　蔷薇属　45-46、100-103、142-143
蔷薇科　桃属　77、107
蔷薇科　杏属　77-79、107
蔷薇科　绣线菊属　144-145
蔷薇科　枸子属　128-131
蔷薇科　樱属　126、217
蔷薇科　珍珠梅属　143

R

忍冬科　荚蒾属　145
忍冬科　锦带花属　121
忍冬科　忍冬属　135-136
忍冬科　双盾果属　221
忍冬科　猬实属　135

科属索引

248

瑞香科　结香属　132
瑞香科　狼毒属　208

S

桑科　榕属　148、222
山茶科　山茶属　49、64-65、79、159-176
山茶科　石笔木属　233
山龙眼科　斑克木属　28
山龙眼科　木百合属　38
山龙眼科　头花山龙眼属　42-44
山龙眼科　针垫子花属　38
山梅花科　山梅花属　141
山梅花科　溲疏属　132、220
山茱萸科　四照花属　220
杉科　北美红杉属　5
杉科　水杉属　50-51
杉科　水松属　66
杉科　台湾杉属　62、68
芍药科　芍药属　72、95
石蒜科　石蒜属　138
石蒜科　水仙属　93
石蒜科　文殊兰属　151-152
石竹科　石竹属　32、110
石竹科　无心菜属　210
使君子科　榄仁属　24
鼠刺科　鼠刺属　224
水龙骨科　扇蕨属　71
松科　黄杉属　73
松科　金钱松属　4
松科　松属　16、54、214
松科　铁杉属　213
松科　雪松属　2-3
松科　银杉属　49
松科　油杉属　212-213
苏木科　无忧花属　156-157
苏木科　羊蹄甲属　122-125
苏木科　皂荚属　223
苏木科　紫荆属　109、218
苏铁科　苏铁属　58-60
桫椤科　桫椤属　58

T

藤黄科　铁力木属　158
天南星科　花烛属　28

W

卫矛科　卫矛属　20
乌毛蕨科　苏铁蕨属　63
无患子科　番龙眼属　73
无患子科　栾树属　224
无患子科　文冠果属　55
梧桐科　梧桐属　222

X

仙人掌科　松露玉属　27
小檗科　十大功劳属　138-140
小檗科　桃儿七属　208
蝎尾蕉科　蝎尾蕉属　35-37
绣球花科　绣球花属　114
玄参科　马先蒿属　207
悬铃木科　悬铃木属　9-10

Y

岩梅科　岩梅属　210
杨柳科　柳属　44
杨梅科　杨梅属　228
野茉莉科　秤锤树属　76
蚁塔科　蚁塔属　26
银杏科　银杏属　158
罂粟科　绿绒蒿属　182
罂粟科　罂粟属　118
榆科　朴属　216
榆科　榆属　12-15
玉蕊科　玉蕊属　18-19
鸢尾科　唐菖蒲属　35
鸢尾科　鸢尾属　134
芸香科　枳属　230

Z

樟科　楠木属　229
樟科　润楠属　227
樟科　樟属　219

榛科　榛属　69、218

紫草科　砂引草属　20

紫茉莉科　腺果藤属　22

紫葳科　角蒿属　210

紫葳科　凌霄属　109

紫葳科　梓树属　216

棕榈科　贝叶棕属　149-150

棕榈科　槟榔属　147

棕榈科　水椰属　21

棕榈科　糖棕属　147

棕榈科　椰子属　146

棕榈科　鱼尾葵属　65

棕榈科　棕榈属　69

科
属
索
引

后记

　　本书收集了生长在国内外的观赏植物3237种（含341个品种、变种及变型），隶属240科、1161属，其中90%以上的植物已在人工建造的景观中应用，其余多为有开发应用前景的野生花卉及新引进待推广应用的"新面孔"。86类中国名花，已收入83类（占96%）。本书的编辑出版是对恩师谆谆教诲的回报，是对学生期盼的承诺，亦是对始终如一给予帮助和支持的家人及朋友的厚礼。

　　本书的编辑长达十多年，参与人员30多位，虽然照片的拍摄、鉴定、分类及文稿的编辑撰写等主要由我承担，但很多珍贵的信息、资料都是编写人员无偿提供的，对他们的无私帮助甚为感激。

　　在本书出版之际，我特别由衷地感谢昆明植物园"植物迁地保护植物编目及信息标准化（2009ＦＹ1202001项目）"课题组及西南林业大学林学院对本书出版的赞助；感谢始终帮助和支持本书出版的伍聚奎、陈秀虹教授，感谢坚持参与本书编辑的云南师范大学文理学院"观赏植物学"项目组的师生，如果没有你们的坚持奉献，全书就不可能圆满地完成。

　　最后还要感谢中国建筑工业出版社吴宇江编审的持续鼓励、帮助和支持，感谢为本书排版、编校所付出艰辛的各位同志，谢谢你们！

　　由于排版之故，书中留下了一些"空窗"，另加插图，十分抱歉，请谅解。

　　愿与更多的植物爱好者、植物科普教育工作者交朋友，互通信息，携手共进，再创未来。

编者

2015年元月20日